手作毛绒球小动物

[日] 伊藤和子 著　　刘晓冉 译

南海出版公司

2019 · 海口

前言

小学一年级的时候，母亲给我买了一本关于玩偶制作的书。那本书让我兴奋不已，于是自己动手做出了很多的玩偶。当时的激动心情，我至今难忘。

时至今日，我依然保持着当时的心性，享受手工的乐趣。虽然创作过程有时很痛苦，但制作完成时的喜悦是无可比拟的。

本书介绍了各种各样的毛绒球制作方法，从简单到复杂，都涵盖其中。

如果大家在制作时，能感受到和我小时候一样的喜悦，将是我最幸福的事情。

请大家尽情享受毛绒球世界的乐趣吧。

伊藤和子

目录

伊藤和子
手工艺作家。现居住于日本神奈川县。
在"tetote 手工艺大奖"和"Craft Cafe 缝纫
大赛"等众多比赛中夺得大奖。为"手工艺
TOKAI"等藤久株式会社销售的"迪士尼松
松毛绒球胸针套装"和《迪士尼松松毛绒球》
（日本宝岛社）担任监制。

博客：
"和子的 Handmade Life"
https://ameblo.jp/bukicchomom
Instagram：
https://www.instagram.com/koitoiro

日文原版书工作人员（均为日籍）
摄影：天野宪仁（日本文艺社）
造型：铃木亚希子
模特：伊藤由实　伊藤博树
设计：橘川千子
图案制作：WADE
编辑协助：OMEGASHA
材料赞助：藤久株式会社
摄影协助：finestaRt

兔子

可爱的垂耳兔。

用羊毛做成的耳朵蓬松柔软。

制作方法>>*p46*

羊

摸起来毛茸茸的羊。

脚是用羊毛戳刺固定的。

制作方法>>*p56*

贵宾犬

一双水汪汪的大眼睛惹人怜爱。
圈圈毛线的质感像极了贵宾犬。

制作方法>>p57

小型雪纳瑞

眉毛和胡须处的毛非常松软。
垂耳是用毛线戳刺固定的。
制作方法>>p58

三花猫

使用3种颜色的线制作三花花纹。

粉色的小鼻子非常可爱。

制作方法>>p60

褐色虎斑猫

以竖条纹为特点的褐色虎斑猫。
耳朵的做法非常简单。
制作方法>>*p60*

小熊

将眼睛和鼻子的距离调近一点，
小熊的表情立刻就会变得可爱。
制作方法>>p59

狮子

狮子的双眼炯炯有神，看起来威风凛凛。

蓬松的鬃毛彰显王者风范。

制作方法>>p62

猴子

猴子的眼睛小一点，
让人感觉更成熟。
制作方法>>p63

大象

鼻子里面加了扭扭棒，
可以弯成各种喜欢的形状。

制作方法>>*p64*

白猫

耳朵内侧做成了粉色,
表情又萌又可爱。
制作方法>>p65

腊肠犬

歪着脑袋的腊肠犬，
正用大大的眼睛注视着你。

制作方法>>*p66*

企鹅

从背后看又圆又可爱。

胖乎乎的样子好像小婴儿。

制作方法>>p67

海豹

圆滚滚的海豹，用毛绒球制作正合适。
大大的黑眼睛显得更加可爱。

制作方法>>p68

热带鱼

将毛绒球剪薄，
看起来更像热带鱼。

制作方法>>p69

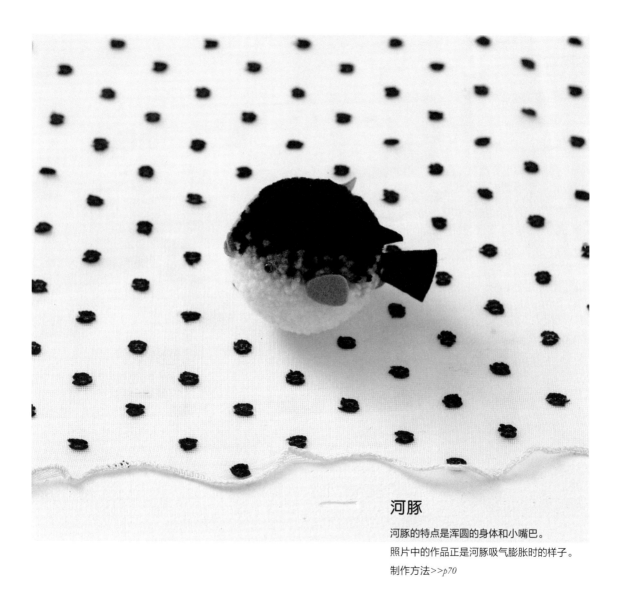

河豚

河豚的特点是浑圆的身体和小嘴巴。
照片中的作品正是河豚吸气膨胀时的样子。
制作方法>>p70

鹦鹉

胖嘟嘟的鹦鹉。
多做几只站成一排，可爱得不得了。
制作方法>>*p71*

青蛙

圆溜溜的眼睛非常可爱。

小小的鼻孔活灵活现。

制作方法>>p72

小猪

小猪身后的小尾巴可爱至极。

加上4只脚，就能稳稳地站住。

制作方法>>*p73*

草莓兔

戴着草莓帽子的草莓兔。

小巧的耳朵十分可爱。

制作方法>>p74

仓鼠

在仓鼠可爱的小爪子里
插一枝花吧。

制作方法>>p75

雏鸡

看起来毛茸茸的，不论大小还是手感，
都和真的雏鸡一样。

制作方法>>*p76*

汉堡包套餐

【汉堡包、西蓝花、樱桃、煮鸡蛋】

一起打包装进午餐盒吧。

汉堡包和实物一样大。

制作方法>>

汉堡包（p77）　西蓝花（p78）

樱桃（p79）　煮鸡蛋（p82）

饭团套餐

【2种饭团、西蓝花、苹果、维也纳香肠、炸虾】

饭团套餐里的每一种食物都令人怀念。

用不织布充当海苔包住饭团，看起来非常美味。

制作方法>>

2种饭团（*p80*）　西蓝花（*p78*）　苹果（*p79*）

维也纳香肠（*p80*）　炸虾（*p81*）

圆形蛋糕

双色的圆形奶油蛋糕。

别忘了点缀一颗小樱桃。

制作方法>>p83

杯子蛋糕

松软的奶油看起来非常美味。
装饰上草莓就更加可爱了。

制作方法>>p84

冰淇淋

单球和双球圆筒冰淇淋。

用时尚可爱的毛线做一做吧。

制作方法>>p85

苹果铅笔

将苹果毛绒球插在铅笔上，
是不是很可爱？

制作方法>>*p86*

节日专属毛绒球

节日活动也能用上毛绒球!
只要在窗边或是架子上放一个小小的毛绒球,就能营造出节日的气氛。将绳子穿过毛绒球中心的风筝线,将毛绒球做成吊饰悬挂起来。

雪兔

New Year

年糕

Valentine

爱心

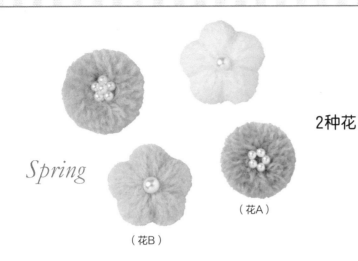

Spring

（花B）

（花A）

2种花

万圣节南瓜

Halloween

制作方法>>
年糕（*p87*）
2种花（*p88*）
爱心（*p89*）
雪兔（*p89*）
万圣节南瓜（*p90*）

工具 本书中使用的基础工具。

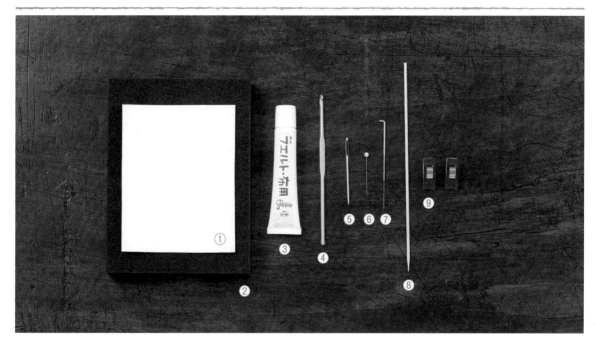

①厚卡纸
制作耳朵和迷你毛绒球时使用。另外，戳少量羊毛的时候，用厚纸夹住羊毛，就不会戳到手指，羊毛也更容易成形。

②海绵垫
用戳针戳羊毛定型时，垫在下方使用。

③不织布、布用胶水
涂在毛绒球中心风筝线的打结处，或者粘眼睛、鼻子、腿等配件时使用。

④钩针
连接毛绒球时使用。手缝针可能无法穿过大的毛绒球，这时需使用钩针。

⑤毛线用手缝针
在头上连接耳朵等配件时使用。请选择针孔较粗，可以穿过风筝线的手缝针。

⑥珠针
扎入头部确定眼睛或鼻子的位置，或者修剪毛绒球时作为头顶的标记使用。

⑦戳针
戳刺并固定羊毛时使用。可用其将耳朵、鼻子、腿连接在身体上。

⑧竹扦
在珠子或风筝线打结处等细小的位置涂抹胶水时使用。

⑨夹子
用胶水将不织布粘成特定的形状并晾干，此过程需要用到夹子。也可以使用晒衣夹，但建议选择小号的夹子。

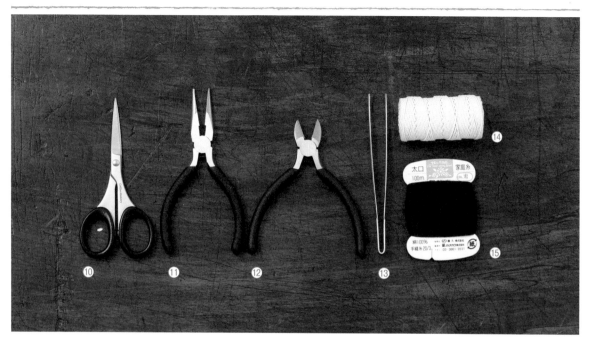

⑩剪刀
建议使用刀尖锋利、适手的剪刀。

⑪圆头尖嘴钳
弯折钢丝时使用。

⑫剪钳
剪钢丝，或者剪去眼睛、鼻子等配件的多余部分时使用。

⑬镊子
梳理毛绒球线，或者拾取珠子、眼睛等细小的配件时使用，非常方便。

⑭风筝线
用于捆住毛绒球的中心处。建议使用5～7号的粗线。

⑮粗手缝线
缝嘴部，或者捆住迷你毛绒球中心处时使用。

毛绒球的大小

下图为毛绒球制作器，以及使用不同大小的毛绒球制作器做成的毛绒球的大致大小。

根据毛线的粗细或绕线圈数的不同，不仅可以做出紧密结实的毛绒球，还可以做出蓬松柔软的毛绒球。

※毛绒球制作器需2个绕线板组合使用，分别绕线。
在本书中，先绕线的部分标记为Ⓐ，后绕线的部分标记为Ⓑ。

※本书作品使用日本Hamanaka株式会社的"毛绒球制作器"制作。

重点
除了直径3.5cm的毛绒球，制作其他尺寸的毛绒球时，将线缠得紧一些，就能做出椭圆形的毛绒球。这一形状可用于制作动物的身体。

直径9cm
最大的尺寸。用于制作年糕或狮子的鬃毛。

直径7cm
刚好捧在手心的大小。用于制作杯子蛋糕或圆形蛋糕。

直径5.5cm
大部分基础毛绒球的尺寸。

直径3.5cm
用于制作动物的头或苹果、樱桃等。

毛线

根据要制作的作品选择不同的毛线。

如果买不到同样的线，可以使用颜色和粗细相近的线。

绕线圈数可根据线的粗细自行调整，线细时增加绕线圈数，线粗时减少绕线圈数。

A **毛绒球线**（中粗线）

B **可水洗中粗线**

C **JOLLY TIME II**（粗线）

D **NEW可水洗美利奴粗线**

E **NEW羊驼美利奴**（粗线）

F **马海毛**（中粗线）

G **NEW圈圈马海毛**（超粗线）

H **MamarmPOP**（极粗线）

抽线方法

用2根线制作毛绒球时，可以同时使用线团外侧和中间的线头。将手指伸入线团中间，找到里面的小线球，拉出来就能发现线头。

※照片中的毛线与实物等大。均为日本藤久株式会社 "wister" 毛线。

其他材料

除了毛线，制作毛绒球作品时还会用到其他材料。
不织布或羊毛可以用颜色、质地相近的材料代替。

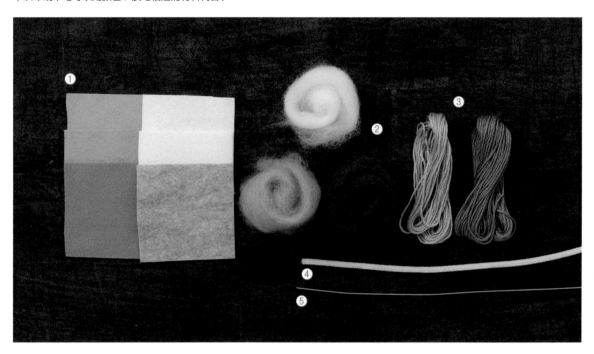

①不织布
用于制作仓鼠、猫的耳朵，以及企鹅的嘴等部件。在不织布两面涂上薄薄的胶水，晾干后用剪刀修剪成细小的部件。

②羊毛
配合戳针使用。用于制作耳朵、鼻子、腿等部件。
※本书中使用的是日本藤久株式会社的"Flufeel"羊毛。

③25号刺绣线
缠在钢丝上，用于制作雏鸡的脚等部件。

④彩色扭扭棒
作为内芯使用，外层卷上羊毛，用戳针戳成大象的鼻子或猫的尾巴等部件。做好的部件可以稍微弯折。

⑤钢丝
用于制作雏鸡的脚，或者连接炸虾时使用。

眼睛、鼻子的配件

眼睛和鼻子是呈现脸部表情时必不可少的配件。制作不同的动物时，要使用不同大小、形状、颜色的配件。
动物的表情会根据眼睛位置的改变发生变化，按照自己的喜好多多尝试吧（参考p54）。

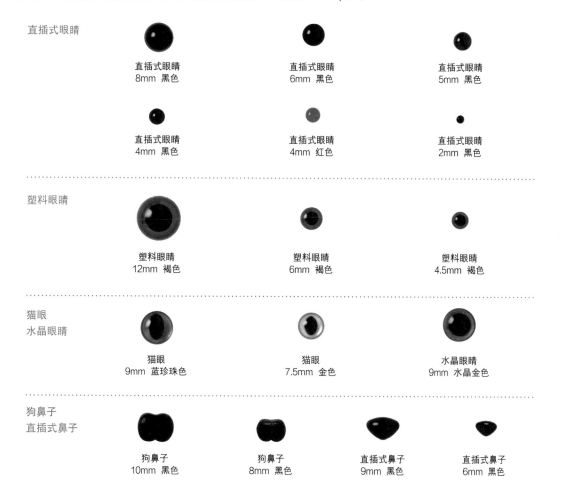

直插式眼睛

直插式眼睛
8mm 黑色

直插式眼睛
6mm 黑色

直插式眼睛
5mm 黑色

直插式眼睛
4mm 黑色

直插式眼睛
4mm 红色

直插式眼睛
2mm 黑色

塑料眼睛

塑料眼睛
12mm 褐色

塑料眼睛
6mm 褐色

塑料眼睛
4.5mm 褐色

猫眼
水晶眼睛

猫眼
9mm 蓝珍珠色

猫眼
7.5mm 金色

水晶眼睛
9mm 水晶金色

狗鼻子
直插式鼻子

狗鼻子
10mm 黑色

狗鼻子
8mm 黑色

直插式鼻子
9mm 黑色

直插式鼻子
6mm 黑色

※照片与实物等大。"直插式眼睛""塑料眼睛""猫眼7.5mm金色""狗鼻子"为日本藤久株式会社的产品。"猫眼9mm蓝珍珠色""水晶眼睛"为日本Hamanaka株式会社的产品。

试做雏鸡发圈

纸样p45

绕线图

· 用1根毛线
· A B 通用

风筝线打结处（后）

A 前 / B 后

※识图方法详见p55。

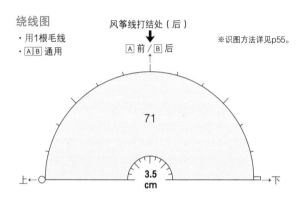

71

3.5
cm

上 下

材料

毛绒球制作器
直径3.5cm

使用线
JOLLY TIME Ⅱ（柠檬色4）

其他材料
眼睛：直插式眼睛（黑色） 4mm×2个
喙：不织布（橘色） 2.5cm×2.5cm
背面：不织布（黑色） 4cm×4cm
橡皮筋 约20cm

修剪及尺寸的大致标准

前 ← 3.5cm →

后

侧面

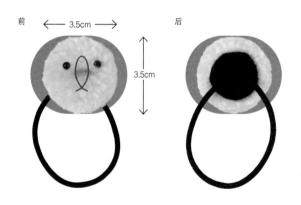

3.5cm

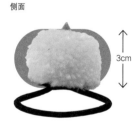

3cm

制作方法

1

在毛绒球制作器一侧的绕线板上，来回绕线71圈（绕线图中标记为Ⓐ）。绕线结束时，将线在食指上绕1圈，留5cm线头，剪断线。将线头穿入线圈中固定。另一侧（标记为Ⓑ）也用相同方法绕线。

2

最后在绕线板中心处结束绕线，这样更容易固定线头。

3

将剪刀伸入绕线板之间，沿着绕线板剪断所有线。将风筝线缠在绕线板之间的凹槽里，在绕线图（p42）所示的打结位置，打一个牢固的结。

4

打开毛绒球制作器，取下毛绒球，参考"修剪和尺寸的标准"进行修剪。

5

最初粗略修剪，剪出形状。

6

基本成形后，再精细修剪，力求每根线的长度均等。

整理好形状。

确定眼睛的合适位置，用胶水粘牢眼睛。

在制作喙的不织布上涂抹胶水，只涂一面，将涂抹胶水的一面作为内侧，对折不织布。

晾干，根据纸样剪出喙的形状。

用竹扦在喙的表面涂一层薄薄的胶水，晾干。背面也用相同的方法操作。

暂时插入喙并确定位置，用镊子分开此处的毛线。

13

将涂了胶水的喙放在 **12** 中分开的羊毛里。复原分开的毛线，并与喙粘合，晾干。

14

纸样对齐背面的不织布，用锥子在指定位置扎2个孔，穿入橡皮筋并打结。

15

用毛绒球中心打结的风筝线系住 **14** 的橡皮筋。

16

从根部剪断风筝线，在风筝线和橡皮筋的打结处涂抹胶水。掀开不织布并涂抹胶水，将不织布与毛绒球粘牢固。

完成

实物等大纸样

背面的不织布

喙

毛绒球的基本做法②

纸样p93

兔子 *p6*

绕线图
· 用2根毛线
· A B 通用

风筝线打结处（后）

A 前 / B 后

※识图方法详见p55。

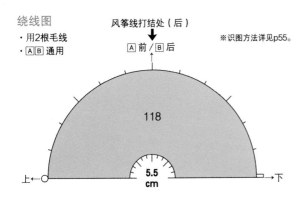

118

5.5 cm

上 下

材料

毛绒球制作器
直径5.5cm
使用线
NEW羊驼美利奴（焦糖色33）
其他材料
眼睛：直插式眼睛（黑色）　8mm×2个
耳朵：羊毛（饼干色67BE）
鼻子：不织布（焦茶色）　2cm×2cm

修剪和尺寸的大致标准

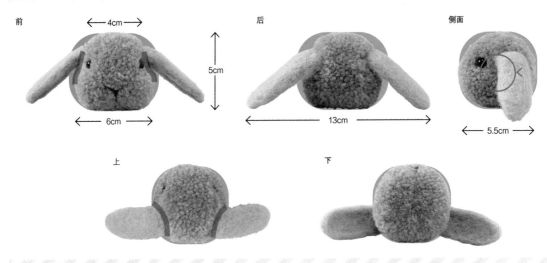

前　←4cm→　5cm　←6cm→

后　←13cm→

侧面　←5.5cm→

上　下

制作方法

1

如绕线图所示，绕线118圈，制作直径5.5cm的毛绒球。毛绒球的制作方法，请参考雏鸡发圈的 *1*～*4*（p43）。

2

先将毛绒球粗略修剪成近似三角形的样子。

3

整理好大致的形状。

4

确定眼睛的位置，用镊子将此处的毛线分开，插入眼睛。暂时不用涂抹胶水。

5

如果眼睛或鼻子的配件较长，可以用剪钳剪短后使用。

6

眼睛要尽量插得深一些。中途如果想要换位置，用镊子复原毛线，再在合适的位置分开毛线，然后插入眼睛。

兔子 *p6*

精细修剪眼睛周围的头部侧面部分（照片中的虚线部分），让眼睛下方的脸颊鼓起来。

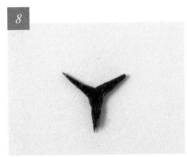

用竹扦在不织布的两面涂抹薄薄的胶水，晾干后根据纸样剪出鼻子。

确定鼻子的位置，用胶水粘合。

眼睛涂抹胶水，粘在 *4* 中暂定的眼睛的位置上。

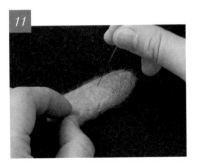

羊毛揉成一团，根据纸样的形状用戳针戳羊毛定型。

戳到一定程度后，将羊毛夹在厚卡纸中，继续横向戳。这样既不会受伤，也更容易戳出想要的形状。

13

用拇指将羊毛稍微捏出弧度，用戳针戳下侧的羊毛定型。上侧也用同样方法戳刺定型。

14

插入珠针，确定耳朵的位置。

15

用镊子分开珠针底部的毛线。

16

在 *13* 的耳朵根部戳粘接用羊毛，将耳朵插入毛绒球中。按照箭头方向，用戳针固定耳朵根部，用四周的毛线盖住耳朵，使其自然融合。

17

用戳针轻轻地戳出眼角。

完成

创新

※纸样p93。

前半部分用相同的方法制作。耳朵换成不织布，就变成立起耳朵的兔子了。

基本技巧

掌握这些技巧，就能做出漂亮的毛绒球。

整理线的走向

从制作器上取下毛绒球，用镊子等工具整理毛线的走向。特别是使用2种颜色以上的毛线时，修剪前先整理好，就能呈现漂亮的花纹。

在风筝线的根部剪断线

为了隐藏系在毛绒球中心的风筝线，需要在根部剪断线。只要线系得牢固，即使不涂抹胶水，也不会散开。

绕线中途用珠针固定

换不同颜色的毛线制作花纹时，或者进行不同操作时，都会暂停绕线，此时用珠针固定毛线，就不用担心毛线散开了。

修剪方法

介绍整理形状以外的制作方法。

分层修剪

精细修剪

1 在颜色的分界处，用合起的剪刀刀刃和手指分开想要分层修剪的毛线。

2 横向张开 *1* 的剪刀，修剪想要剪短的毛线（适用于杯子蛋糕、草莓兔等作品）。

精细修剪要细致到每根毛线。用剪刀剪出均等的长度和圆滑的弧度。

迷你毛绒球的制作方法

毛绒球制作器无法做出充当耳朵和口鼻等部位的小毛绒球，此时需要使用厚卡纸。

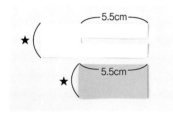

1 准备1张剪出开口的厚卡纸，1张宽度（★）相同但没有开口的厚卡纸［每个作品都会标明宽度（★）］。

2 将2张厚卡纸重叠后绕线（绕1周计为1圈）。

3 绕线结束后固定毛线。

4 抽出没有开口的厚卡纸，用2根粗手缝线捆住中间部分并打结。

5 抽出厚卡纸，剪开两侧的线圈。

6 为了隐藏中心的手缝线，要聚拢毛线，再用戳针轻轻戳几下。

用胶水定型

●用胶水加工表面

将不织布剪成细小配件时，先用竹扦在正面涂一层薄薄的胶水并晾干，再用相同的方法加工背面。待胶水干透、表面变硬后修剪，就能剪出十分精细的形状。

●固定不织布的形状

在不织布上涂抹胶水，趁着胶水未干之时，做出耳朵或脚的形状，用夹子等工具固定并晾干，这样就能保持形状不变了。

连接方法

将耳朵、口鼻、头连接在身体上时使用的方法。

A

1 准备连接用的毛绒球，取中心的1根风筝线头穿入手缝针，将针插入被连接的毛绒球中心的风筝线圈，抽出针和线头。

2 将抽出的线头与之前同组的线头打结。

B

1 准备连接用的毛绒球串，取中心的2根风筝线头穿入手缝针（或者使用钩针），将针插入被连接的毛绒球中心的风筝线圈，抽出针和线头。

2 拉紧风筝线头，用胶水粘住毛绒球之间相连接的部分。为了避免打结时毛线缠住风筝线，先将毛线稍微分开。

3 将抽出的风筝线头在毛线根部打结2次。

A、B通用的固定方法

1 打结后，在风筝线根部剪断线，轻轻涂抹胶水。

2 为了隐藏打结的线头，要将分开的毛线复原聚拢。

口鼻部的连接位置

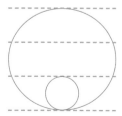

口鼻部最好连接在脸部下方1/3的位置上。

毛绒球的制作技巧④

戳针的使用方法

戳针既可以戳毛线也可以戳羊毛，适用于各种技巧。

用扭扭棒制作脚和鼻子

1 弯折扭扭棒的一端。

2 将羊毛卷在扭扭棒上。

3 放在羊毛毡专用海绵垫（也可以用普通海绵代替）上，用戳针戳羊毛定型。重复步骤 2 、 3 ，从顶端开始戳羊毛，完全隐藏扭扭棒。

戳毛绒球
制作形状，使之牢固

想要做出凹陷的形状，或是想要毛绒球更牢固，可以稍微用戳针戳几下。用剪刀修剪表面，整理形状。

戳口鼻

朝向口鼻的中心处，一点点轻轻地戳羊毛固定。用剪刀修剪表面。

夹在厚卡纸里戳

将薄的部件或小部件夹在厚卡纸中，戳的时候就不用担心扎到手指了。戳薄的部件时，弯折厚卡纸的顶端会更方便。

> **重点**
> ●戳毛线时→轻轻戳、一点点戳，一边观察一边操作。毛线如果戳过头，便无法复原。
> ●戳羊毛时→用力戳也没问题。戳得不好可以补充羊毛，或者剪掉表面的羊毛。

用戳针固定鼻子或脚

1 分开毛线，插入部件，用戳针戳根部的羊毛。
2 复原四周的线，轻戳几下，使之自然融合。

眼睛的位置决定表情

制作表情时，眼睛的位置十分重要。拉远或拉近眼间距，给人的感觉会完全不同。
用珠针确定眼睛的位置，暂时插入眼睛，找到喜欢的表情吧。

小眼睛

大眼睛

动物的种类不同，其眼睛的位置与角度也不同。
比如，狮子等食肉动物从正面插入眼睛更逼真，
而兔子等食草动物，则从侧面插入眼睛更逼真。

眼距相同，但眼睛的大小不同

暂时插入眼睛、鼻子、耳朵 ·····················

1 用珠针确定位置。
2 在相应位置插入部件（先暂时插入部件再修剪，更容易做出脸部）。
3 最后用胶水粘牢。
※中途变换部件的位置时，先用镊子整理毛线后再插入。

本书的阅读方法

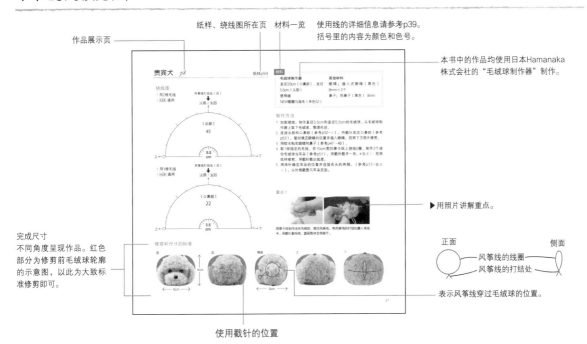

作品展示页

纸样、绕线图所在页　材料一览　使用线的详细信息请参考p39。
括号里的内容为颜色和色号。

本书中的作品均使用日本Hamanaka株式会社的"毛绒球制作器"制作。

▶用照片讲解重点。

完成尺寸
不同角度呈现作品。红色部分为修剪前毛绒球轮廓的示意图，以此为大致标准修剪即可。

正面　　　侧面
风筝线的线圈
风筝线的打结处
表示风筝线穿过毛绒球的位置。

使用戳针的位置

绕线图的看法

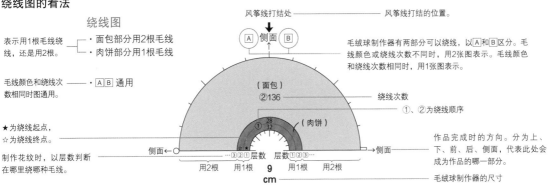

绕线图

表示用1根毛线绕线，还是用2根。
・面包部分用2根毛线
・肉饼部分用1根毛线

毛线颜色和绕线次数相同时图通用。
A B 通用

★为绕线起点，
☆为绕线终点。

制作花纹时，以层数判断在哪里绕哪种毛线。

风筝线打结处　　　　　风筝线打结的位置。
A 侧面 B

毛绒球制作器有两部分可以绕线，以A和B区分。毛线颜色或绕线次数不同时，用2张图表示。毛线颜色和绕线次数相同时，用1张图表示。

（面包）
②136
绕线次数
①、②为绕线顺序

28
32
（肉饼）

侧面　……③②①层数　层数①②③……　侧面

用2根　用1根　用1根　用2根

作品完成时的方向。分为上、下、前、后、侧面，代表此处会成为作品的哪一部分。

9 cm
毛绒球制作器的尺寸

羊 *p7*

纸样p93

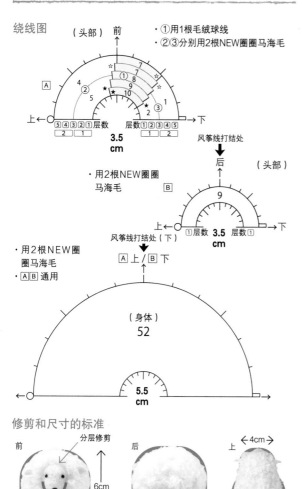

绕线图

（头部）　前

- ①用1根毛绒球线
- ②③分别用2根NEW圈圈马海毛

Ⓐ

3.5
cm

层数　⑤④③②①　　①②③④⑤　层数
2　　　　　　　　　　2
1　　　　　　　　　　1

风筝线打结处

- 用2根NEW圈圈马海毛

Ⓑ

（头部）　后

9

3.5
cm

①层数　层数①

风筝线打结处（下）

Ⓐ 上 / Ⓑ 下

- 用2根NEW圈圈马海毛
- ⒶⒷ 通用

（身体）
52

5.5
cm

修剪和尺寸的标准

前　　分层修剪　　6cm

后

上　←4cm→

7cm

下　3.5cm

侧面　4cm　10cm

材料

毛绒球制作器
直径3.5cm（头部）、直径5.5cm（身体）

使用线
头、身体：NEW圈圈马海毛（白色51）
脸：毛线（白色41）

其他材料
眼睛：插入式眼睛（黑色）
3mm×2个
鼻子：插入式鼻子（褐色）
4.5mm
耳朵：不织布（白色）
5cm×4cm
※耳朵内侧用粉色铅笔上色。
腿：羊毛（白色66WH）适量

制作方法

1 如图绕线，制作直径3.5cm和直径5.5cm的毛绒球（参考p43- 2 ）。从毛绒球制作器上取下毛绒球，整理形状。

2 连接头部和身体（参考p52-Ⓑ）。

3 用戳针轻轻戳刺身体，剪断飞出来的毛线。

4 脸部分层修剪（参考p50），下巴用戳针戳刺后修剪。

5 确定眼睛和鼻子的位置，用胶水粘牢配件（参考p47~48）。

6 羊毛揉成一团，夹在厚卡纸中，根据纸样的大小，用戳针戳出腿的样子。用相同的方法制作4条腿。▶重点① 按照纸样将不织布剪成耳朵的样子并涂上粉色。在耳朵根部涂抹少量胶水，用夹子固定并晾干（参考p74-重点③）。用珠针确定耳朵的位置（参考p49），用胶水粘牢。

7 将6的腿用胶水粘在身体上。▶重点②

重点①

戳小的部件时，夹在厚卡纸中操作更方便。

重点②

先用珠针确定腿的位置，看羊是否能站住，再用胶水粘牢腿。

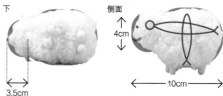

贵宾犬 *p8*

纸样p94

材料

毛绒球制作器	其他材料
直径3.5cm（口鼻部）、直径	眼睛：插入式眼睛（黑色）
5.5cm（头部）	8mm×2个
使用线	鼻子：狗鼻子（黑色）8mm
NEW圈圈马海毛（米色52）	

绕线图

· 用2根毛线
· A B 通用

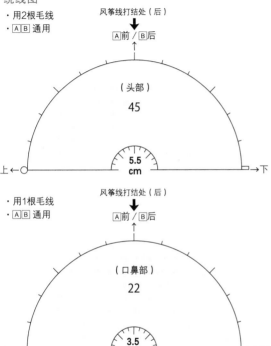

制作方法

1 如图绕线，制作直径3.5cm和直径5.5cm的毛绒球。从毛绒球制作器上取下毛绒球，整理形状。

2 连接头部和口鼻部（参考p52-A）。用戳针固定口鼻部（参考p53）。暂时确定眼睛的位置并插入眼睛。按照下方照片修剪。

3 用胶水粘牢眼睛和鼻子（参考p47~48）。

4 取1根指定的毛线，在10cm宽的厚卡纸上绕线5圈，制作2个迷你毛绒球当耳朵（参考p51），用戳针戳平一些。▶重点① 按照纸样修剪。用戳针戳出弧度。

5 用珠针确定耳朵的位置并连接在头的两侧。（参考p72-重点①）。从外侧戳整只耳朵定型。

重点①

用厚卡纸制作迷你毛绒球，捏住风筝线，将风筝线的打结处藏入毛线中。用戳针戳毛线，直至整体变得扁平。

修剪和尺寸的标准

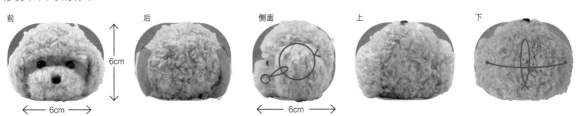

材料

毛绒球制作器
直径5.5cm（口鼻部、头部）

使用线
头部、耳朵：NEW可水洗
美利奴粗线（浅灰色19）
口鼻部、眉毛：毛绒球线
（白色41）

其他材料
眼睛：插入式眼睛（黑色）
8mm×2个
鼻子：狗鼻子（黑色）10mm
耳朵：羊毛
（芝麻色69GY）少量

制作方法

1 如图绕线，制作2个直径5.5cm的毛绒球。从毛绒球制作器上取下毛绒球，整理形状。

2 连接头部和口鼻部（参考p52-A）。用戳针固定口鼻部（参考p53）。

3 留出眉毛的高度，分层修剪（参考p50）。按照下方照片修剪。

4 取1根指定的毛线，在8cm宽的厚卡纸上绕线20圈，制作2个迷你毛线圈当耳朵。在毛线圈上铺一层薄薄的羊毛，用戳针轻轻戳实。用另一张厚卡纸夹住毛线圈，用戳针戳刺定型。▶重点①

5 按照纸样剪出耳朵的形状，折线处向内折。用戳针从上方戳刺固定弯折处。扎上珠针，暂时确定耳朵的位置。将耳朵的手缝线穿过手缝针，连接耳朵（参考p72-重点①）。

6 确定眼睛和鼻子的位置，用胶水粘牢配件（参考p47~48）。

重点①

1 将2根粗手缝线用夹子固定在厚卡纸的上部。将指定的毛线绕在厚卡纸上，系紧上部的手缝线。

2 整理毛线圈，在毛线圈上铺一层薄薄的羊毛，用戳针戳扁（此为内侧）。

3 用另一张厚卡纸夹住耳朵，用戳针再次戳刺定型。

修剪和尺寸的标准

前　　　后　　　侧面　　　上　　　下

6cm　　5cm　　7cm

小熊 *p12*

实物等大纸样

绕线图

- 用2根毛线
- A B 通用

风筝线打结处（后）

A 前 / B 后

（头部）
163

上

5.5 cm

下

耳朵 ×2

线的打结处

材料

毛绒球制作器
直径5.5cm

使用线
毛绒球线（米色45）

其他材料
眼睛：插入式眼睛（黑色）
6mm×2个

鼻子：插入式鼻子（褐色）
9mm

制作方法

1　如图绕线，制作直径5.5cm的毛绒球。从毛绒球制作器上取下毛绒球，整理形状。

2　取1根指定的毛线，在4.5cm宽的厚卡纸上绕线28圈，制作迷你毛绒球当口鼻部（参考p51）。

3　连接头部和口鼻部（参考p52-A）。用戳针戳刺口鼻部，固定（参考p53）。按照下方照片修剪。

4　取1根指定的毛线，在3.5cm宽的厚卡纸上绕线22圈，制作2个迷你毛绒球当耳朵（参考p51）。用戳针戳扁毛绒球，按照纸样修剪。

5　确定眼睛的位置，用胶水粘牢配件（参考p47～48）。扎上珠针，暂时确定耳朵的位置。▶重点①

6　将耳朵的手缝线穿过手缝针，连接耳朵（参考p72-重点①）。▶重点② 用戳针轻戳固定周围的毛线和耳朵。

7　精细修剪表面（参考p50）并整形，确定鼻子的位置，用胶水粘牢配件。

重点①

耳朵的位置要稍微靠上一些。连接后也能微调。

重点②

连接耳朵时，将线头置于耳朵的背面，从正面看更美观。

修剪和尺寸的标准

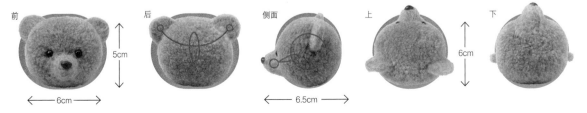

前　5cm　6cm

后

侧面　6.5cm

上　6cm

下

三花猫 *p10*

纸样p94、绕线图p90

材料

毛绒球制作器 直径5.5cm
使用线
毛绒球线（白色41）、毛绒球线（米色45）、
毛绒球线（黑色55）
其他材料
眼睛：水晶眼睛（水晶金色） 9mm×2个
耳朵：不织布（黑色） 8cm×11cm、不织布（焦糖色）
8cm×11cm
鼻子、嘴：羊毛（a：冰淇淋粉色71LP、b：杏色72PE、c：
巧克力色68BR） 少量

修剪和尺寸的标准

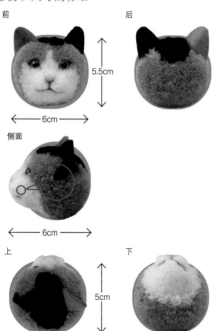

褐色虎斑猫 *p11*

纸样p94、绕线图p91

材料

毛绒球制作器 直径5.5cm
使用线
毛绒球线（浅米色44）、
NEW羊驼美利奴（焦糖色33）、毛绒球线（白色41）
其他材料
眼睛：猫眼（蓝色珠光） 9mm×2个
耳朵：不织布（焦糖色） 16cm×22cm
鼻子、嘴：羊毛（a：冰淇淋粉色71LP、b：杏色72PE、c：
巧克力色68BR、d：饼干色67BE） 少量

修剪和尺寸的标准

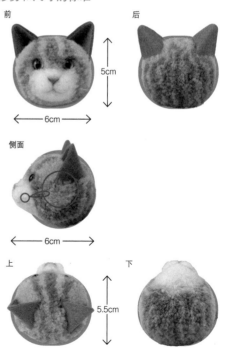

制作方法（通用）

1 如图绕线，制作直径5.5cm的毛绒球。从毛绒球制作器上取下毛绒球，整理形状。

2 取1根指定的毛线，在3.5cm宽的厚卡纸上绕线40次，制作口鼻部用的迷你毛绒球。

3 粘接头部和口鼻部（参考p52-A）。▶重点①

4 用戳针戳口鼻部固定（参考p53），按照p61的照片修剪。▶重点② 暂时插入眼睛，确定眼睛的位置。

5 确定鼻子的位置。取少量羊毛a，用戳针戳成倒三角形，剪掉多余的部分。叠放少量羊毛b，用戳针戳成倒三角形，剪掉多余的部分。▶重点③的 1 2

6 取少量羊毛c戳在鼻子下方，做出鼻孔的样子。将羊毛d（三花猫为c）捻成细线，从鼻子的下方开始，用戳针戳出嘴的形状。▶重点③的 3 调整眼睛、鼻梁、嘴部的形状。

7 按照纸样裁剪耳朵用的不织布，2片叠放后用胶水粘牢，弯折出耳朵的形状并晾干。

8 确定耳朵的位置，分开耳朵周围的毛线（参考p49），用胶水粘牢耳朵。用胶水粘牢眼睛，用戳针戳眼睛边缘的毛线，做出眼睑和鼻梁。▶重点④（取少量羊毛c，戳在三花猫的眼头和眼尾处。）

重点①

连接头部和口鼻部时，风筝线要在下巴的下方打结，结要打在线的根部。

重点②

从左侧开始依次为：毛绒球连接好的状态、修剪鼻子和嘴部时的状态、制作完成后的状态。一边观察，一边修剪口鼻部、头部。

重点③

1

取少量冰淇淋粉色羊毛，用戳针戳成倒三角形。剪掉多余的部分。

2

叠放少量杏色羊毛，用戳针戳成倒三角形。剪掉多余的部分。

3

将褐色羊毛（褐色虎斑猫为饼干色）捻成细线，戳出嘴部轮廓。

重点④

用手指压住毛线，使毛线稍微覆盖眼睛边缘，用戳针轻戳眼睛的边缘，调整形状。

狮子 *p13*

纸样p94

绕线图

・用2根毛线
・A B 通用

风筝线打结处（下）

A 上 / B 下

（脸部）
61

3.5
cm

左 ○——————→ 右

・用2根毛线
・A B 通用

风筝线打结处（下）

A 上 / B 下

※绕线方法参考
p43-2。

（鬃毛）
490

9
cm

左 ○——————→ 右

修剪和尺寸的标准

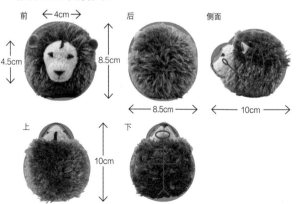

前 ← 4cm →

4.5cm

8.5cm

后

← 8.5cm →

侧面

← 10cm →

上

下

10cm

材料

毛绒球制作器	其他材料
直径3.5cm（脸部）、直径9cm（鬃毛）	眼睛：插入式眼睛（黑色）3mm×2个、不织布（深褐色）1cm×2.5cm
使用线	
脸部：毛绒球线（浅米色44）	鼻子：不织布（黑色）1cm×2cm
鬃毛：马海毛（棕色8）→2团	耳朵：不织布（土黄色）3cm×7cm
额头的图案：毛绒球线（褐色54）2.5cm×8根	嘴：粗手缝线（黑色）适量

制作方法

1 如图绕线，制作直径3.5cm和直径9cm的毛绒球。从毛绒球制作器上取下毛绒球，整理形状。

2 按照左下照片中蓝线部分所示，用戳针戳刺固定脸部，修剪形状（参考p53-1）。

3 制作额头的图案。▶重点① 在黑色不织布的两面涂抹胶水，晾干后按照纸样剪好眼睛和鼻子。在耳朵根部涂抹胶水，用夹子夹住晾干。（参考p74-重点③）

4 配合鬃毛的角度稍微修剪头部后面，与鬃毛连接在一起。（参考p52-B）

5 取3中当作眼睛的不织布，用锥子打孔，插入眼睛的配件，用胶水粘牢。确定眼睛和鼻子的位置，用胶水粘牢（参考p48）。

6 用手缝线制作嘴，在头头根部剪断线，用胶水轻轻固定。▶重点② 确定耳朵的位置，用胶水粘牢3中晾干的耳朵（参考p49）。

7 用剪刀轻轻梳理鬃毛。

重点①

分开毛线，逐根插入涂上胶水的褐色毛线。插好8根毛线后，剪掉多余的部分。

重点②

在毛绒球的嘴部穿1次线，绕圈后再穿1次。用戳针戳鼻子至嘴的部分，做出口鼻的样子。

猴子 *p14*

实物等大纸样 鼻子

实物等大纸样 鼻子

材料

毛绒球制作器	其他材料
直径5.5cm	眼睛：塑料眼睛 6mm×2个
使用线	鼻子：不织布（黑色）
头部：Hamanaka	1cm×2cm
Sonomono HAIRY（中细	嘴：粗手缝线（黑色） 适量
线）（浅褐色123）	
脸部、口鼻部：毛绒球线（粉米色43）	

绕线图

・①用1根肉粉色毛线
・②～⑤用2根浅褐色毛线

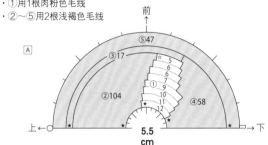

A

前
⑤47
③17
②104
④58
☆6
5
①7
8
9
10
11
12
上← ←下
5.5 cm

・用2根浅褐色毛线

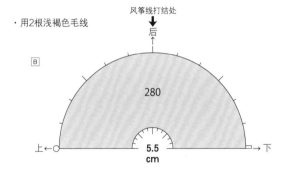

B

风筝线打结处
↓
后

280

上← ←下
5.5 cm

制作方法

1 如图绕线，制作直径5.5cm的毛绒球。从毛绒球制作器上取下毛绒球，整理形状。
2 取1根指定的毛线，在3cm宽的厚卡纸上绕线30圈，制作迷你毛绒球当口鼻部（参考p51）。连接脸部和口鼻部（参考p52-A）。
3 分层修剪头部和脸部轮廓（参考p50）。
4 按照下图中蓝线部分所示，用戳针戳刺固定口鼻（参考p53）。
5 暂时确定眼睛的位置（参考p47）。用戳针和剪刀制作脸部。用戳针调整眼睛周围和鼻梁。▶**重点①** 参考狮子的嘴（p62的重点②）制作嘴部。
6 用胶水粘牢眼睛。鼻子先加工表面（参考p51），再用胶水粘牢。

重点①

1

2

3

插入眼睛，稍微修剪眼睛周围的毛线。※用毛线盖住眼睛的边缘。

用镊子捏住毛线，制作鼻梁，用戳针稍微戳刺固定。

用戳针戳头和眼尾处的毛线，调整眼睛的形状。

修剪和尺寸的标准

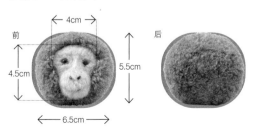

前

←4cm→

4.5cm

5.5cm

←6.5cm→

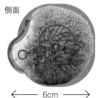

后

侧面

←6cm→

上

下

大象 *p15*

纸样p94

材料

毛绒球制作器	其他材料
直径5.5cm	眼睛：插入式眼睛（黑色）6mm×2个
使用线	耳朵：不织布（灰色）8cm×14cm
NEW可水洗美利奴粗线	鼻子：羊毛（芝麻色69GY）
（浅灰色19）	扭扭棒 8cm

修剪和尺寸的标准

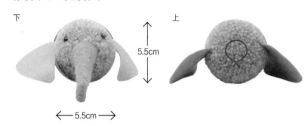

下　　　　　上

5.5cm

← 5.5cm →

侧面　　　　前

6cm

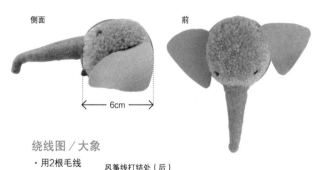

制作方法

1　如图绕线，制作直径5.5cm的毛绒球。从毛绒球制作器上取下毛绒球，稍微整理形状。按照左侧照片修剪。
2　将羊毛卷在扭扭棒上，参照纸样，用戳针戳刺固定，制作鼻子（参考p53）。按照纸样剪好耳朵。
3　将鼻子戳入头部。▶重点①
4　确定眼睛的位置，用胶水粘牢（参考p47~48）。
5　插入珠针，暂时确定耳朵的位置（参考p49），用胶水粘牢。

重点①

1	2

确定鼻子的位置，分开毛线的根部。	用戳针戳好鼻子的根部固定。复原周围的毛线，用戳针戳几下，让鼻子更自然。

绕线图／大象

· 用2根毛线
· A B 通用

风筝线打结处（后）

A 前 / B 后

141

左　　5.5 cm　　右

绕线图／白猫

· 用2根毛线
· A B 通用

A 前 / B 后

（头部）
68

上　　3.5 cm　　下

风筝线打结处

· 用2根毛线
· A B 通用

风筝线打结处（后）

A 前 / B 后

（身体）
190

※绕线方法参考p43-2。

左　　5.5 cm　　右

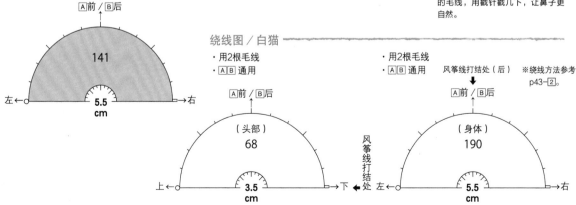

白猫 *p16*

纸样p94、绕线图p64

修剪和尺寸的标准

材料

毛绒球制作器 直径3.5cm（头部）、直径5.5cm（身体）

使用线 毛绒球线（白色41）→1团多

其他材料

眼睛：猫眼（金色） 7.5mm×2个

鼻子：羊毛（冰淇淋粉色71LP、杏色72PE）

嘴：羊毛（褐色68BR） 耳朵：不织布（白色） 3cm×7cm

※耳朵内侧用粉色彩铅染色。

腿、尾巴：羊毛（白色66WH）、扭扭棒（尾巴用） 10cm

制作方法

1 如图绕线，制作直径3.5cm、直径5.5cm的毛绒球。从毛绒球制作器上取下毛绒球，整理形状。

2 取1根指定的毛线，在2.5cm宽的厚卡纸上绕线26圈，制作迷你毛绒球当口鼻（参考p51）。连接头部和口鼻部（参考p52-A）。

3 参考三花猫、褐色虎斑猫（p60～61），用剪刀和戳针制作脸部。

4 参照纸样将不织布剪成耳朵的形状，用粉色彩铅给不织布涂色。在耳朵的根部涂抹少量胶水，做出折痕，晾干。

5 按照下方的照片大致修剪身体。▶重点① 确定耳朵的位置，用胶水粘牢。

6 连接头部和身体（参考p52-B）。

7 用戳针戳刺固定颈部（参考p53），按照右侧照片修剪并整理形状。

8 用羊毛制作腿和尾巴。▶重点② 前腿用戳针戳刺固定。▶重点③ 后腿和尾巴用胶水粘牢。

重点①

将腿的根部附近剪成V字形，然后修剪圆润。

重点②

将羊毛卷在扭扭棒上，用戳针戳出尾巴的形状（参考p53）。参照纸样的大小，将羊毛戳成腿的样子。

重点③

将前腿放在胸部下方，调整至合适的角度，用戳针戳刺固定。分开毛线，从前腿根部的下方戳刺固定前腿。

腊肠犬 *p17*

纸样p94

材料

毛绒球制作器	其他材料
直径3.5cm（头部）、直径	眼睛：插入式眼睛（黑色）
5.5cm（身体）	8mm×2个
使用线	鼻子：狗鼻子（黑色）8mm
毛绒球线（米色45）→2团	腿、尾巴：羊毛（饼干色67BE）

绕线图

- 用2根毛线
- A B 通用

风筝线打结处（下）

A 上 / B 下

（头部）
70

3.5
cm

左 ← → 右

风筝线打结处（下）

- 用2根毛线
- A B 通用

A 上 / B 下

※绕线方法参考
p43-2。

（身体）
181

5.5
cm

左 ← → 右

制作方法

1 如图绕线，制作直径3.5cm、直径5.5cm的毛绒球。从毛绒球制作器上取下毛绒球，整理形状。取1根指定的毛线，在10cm宽的厚卡纸上绕线5圈，用手缝线系住绕线的上方，用戳针戳刺固定（参考p51）。按照纸样修剪。▶重点①

2 如照片所示，用戳针戳刺并修剪脸部，制作口鼻。▶重点② 暂时确定眼睛的位置，插入眼睛，用戳针和剪刀整理头部。插入珠针，暂时确定耳朵的位置。将耳朵上的手缝线穿过手缝针，用针连接耳朵（参考p72-重点①）。在耳朵根部的内侧涂抹胶水，粘牢耳朵。

3 用胶水粘牢眼睛和鼻子。按照下方的照片所示，大致修剪身体。连接头部和身体（参考p52-B）。按照下方的照片所示，用戳针和剪刀整理身体的形状。

4 根据纸样的大小戳羊毛，制作腿和尾巴，然后用戳针戳刺固定。

5 用戳针将前腿戳刺固定在身体上（参考p53）。用胶水粘牢后腿和尾巴。

重点①

线结藏至线圈内侧，用戳针仔细地戳刺整只耳朵定型。

重点②

先用戳针充分戳刺鼻尖定型，再用剪刀修剪表面。

修剪和尺寸的标准

前　　　　后　　　　侧面

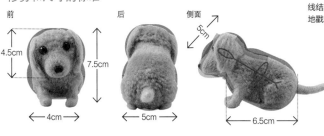

4.5cm　　7.5cm　　5cm

← 4cm →　← 5cm →　← 6.5cm →

下　　　　上

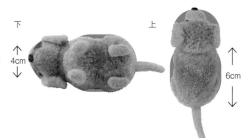

4cm　　6cm

企鹅 *p18*

纸样p95、绕线图p91

材料

毛绒球制作器 直径3.5cm（头部）、直径5.5cm（身体）

使用线
毛绒球线（黑色55）、
毛绒球线（白色41）、
毛绒球线（灰色42）

其他材料
眼睛：插入式眼睛（黑色）
4mm×2个
翅膀：不织布（灰色）6cm×7cm
喙、脚：不织布（黑色）
6cm×7cm

制作方法

1 如图绕线，制作直径3.5cm、直径5.5cm的毛绒球。从毛绒球制作器上取下毛绒球，整理形状。
2 连接头部和身体。▶重点①
3 按照右侧照片修剪。
4 暂时确定眼睛的位置，插入眼睛（参考p47）。
5 按照纸样，剪好喙、翅膀、脚。用胶水加工喙的表面（参考p51），弯折成立体形状并晾干。确定所有配件的位置，用胶水粘牢。
6 用胶水粘牢眼睛（参考p48）。

重点①

钩针穿过身体，勾住头部的风筝线，连接头部。连接部分用胶水粘合。

风筝线打2次结后剪断，在打结处涂抹胶水。

修剪和尺寸的标准

前　　后　←4cm→
3cm
9cm
6cm

侧面

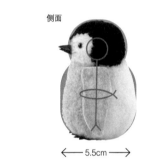

←5.5cm→

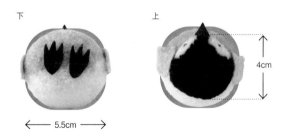

下　　上
4cm
←5.5cm→

海豹 *p19*

纸样p95

 材料

毛绒球制作器	其他材料
直径3.5cm（头）、直径7cm（身体）	眼睛：插入式眼睛（黑色）6mm×2个
使用线	鼻子：插入式鼻子（黑色）6mm
可水洗中粗线→2团（米白色1）	前肢、尾鳍：不织布（米白色）7cm×9cm
可水洗中粗线（黑色15）	

绕线图

前

（头）
- ①②③⑤⑥用2根米白色毛线
- ④用1根黑色毛线

[A]

44

14
15
7
★
3.5
cm

上
7 5 3 1 | 1 3 5 7

下
风筝线打结处

后

[B]

84

3.5
cm

上
下

风筝线打结处（下）

[A]上 / [B]下

※绕线方法参考p43-[2]。

- 用2根毛线
- [A][B]通用

（身体）

310

左
7
cm
右

制作方法

1 如图绕线，制作直径3.5cm、直径7cm的毛绒球。取1根指定的毛线，在2.5cm宽的厚卡纸上绕线34圈，制作迷你毛绒球当口鼻部（参考p51）。

2 连接头部和口鼻部（参考p52-A）。用戳针戳刺固定口鼻部（参考p53）。按照下方的照片修剪头部。确定眼睛和鼻子的位置，用胶水粘牢（参考p47～48）。

3 连接头部和身体。▶**重点①** 大致修剪身体。用戳针戳刺背部和尾鳍连接处，按照下方的照片所示，修剪形状。

4 按照纸样剪好前肢和尾鳍，确定粘接的位置，用胶水粘牢。

重点①

先连接口鼻部和头部，保留头部的风筝线，用这条风筝线连接头部和身体。身体的风筝线要在连接头部后剪断。

修剪和尺寸的标准

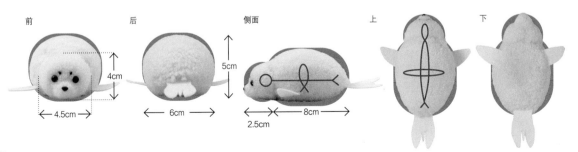

前   后   侧面   上   下

4cm

4.5cm

5cm

6cm

2.5cm   8cm

热带鱼 *p20*

纸样p95

材料

毛绒球制作器	其他材料
直径5.5cm	眼睛：塑料眼睛（褐色）
使用线	4.5mm×2个
NEW可水洗美利奴	背鳍①：不织布（白色）7cm×11cm
粗线（白色1）、	胸鳍、背鳍②、尾鳍：不织布（黄
可水洗中粗线	色）4cm×8cm
（黑色15）	腹鳍、臀鳍：不织布（黑色）
	3cm×7cm

绕线图

· ①为白色，②为黑色
· 用2根毛线

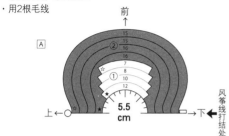

· ①③为白色，②为黑色
· 用2根毛线

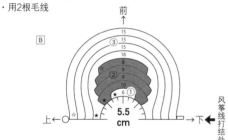

制作方法

1 如图绕线，制作直径5.5cm的毛绒球。▶重点① 从毛绒球制作器上取下毛绒球，整理花纹（参考p50）。
2 参考风筝线的位置，按照下方的照片所示，修剪形状。
3 背鳍①要用2片不织布，按照纸样剪好形状，再用胶水粘合。其他鱼鳍也按照纸样剪好形状。
4 参考下方的照片，用胶水将各个鱼鳍粘在相应的位置。
5 确定眼睛的位置，用胶水粘牢（参考p44）。

重点①

参考绕线图，一层层绕出漂亮的花纹。　刚从毛绒球制作器上取下的毛绒球。

修剪和尺寸的标准

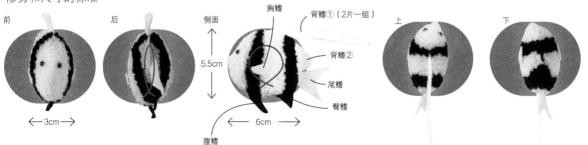

69

河豚 *p21*

纸样p95

材料

毛绒球制作器	其他材料
直径5.5cm	眼睛：塑料眼睛（褐色）
使用线	4.5mm×2个
NEW可水洗美利奴粗线	背鳍、尾鳍：
（黑色21、浅灰色19、	不织布（黑色）4cm×8cm
白色1）	胸鳍、臀鳍、嘴：
	不织布（浅灰色）4cm×8cm

绕线图

- ①用2根毛线（黑色、黑色）
- ②用3根毛线（黑色、黑色、浅灰色）
- ③用2根毛线（黑色、浅灰色）
- ④用2根毛线（浅灰色、白色）
- ⑤用1根毛线（白色）

※绕线时，同种颜色的线可以
不用剪断，继续使用。

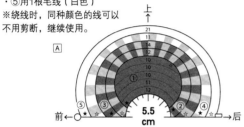

- 用2根白色毛线

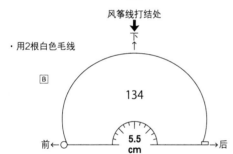

修剪和尺寸的标准

制作方法

1 如图绕线，制作直径5.5cm的毛绒球。▶重点① 从毛绒球制作器
   上取下毛绒球，稍微整形。
2 按照下方的照片所示，将毛绒球修剪圆润。
3 用胶水将各个鱼鳍粘到相应的位置。
4 确定眼睛的位置，用胶水粘牢（参考p47~48）。
5 按照纸样将不织布剪成嘴的形状，两面涂一层薄薄的胶水，用手
   指捏出一定弧度并晾干。▶重点② 晾干后粘在4上。

重点①	重点②

开始用2根黑色线绕线。接着用2根黑色线＋1根浅灰色线，然后用1根黑色线＋1根浅灰色线，再用1根浅灰色线＋1根白色线。最后用1根白色线绕线。	胶水晾干前，用手指捏出一定弧度，定型后取下，晾干。

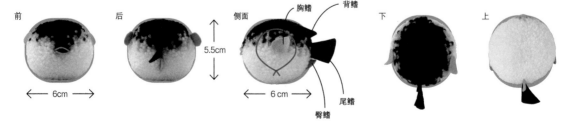

鹦鹉 *p22*

绕线图

- ①用1根白色毛线
- ②③用2根天蓝色毛线
- 用1根蓝色毛线

材料

毛绒球制作器
直径5.5cm
使用线
NEW可水洗美利奴粗线（白色
01）、JOLLY TIME II（天蓝色
11）、JOLLY TIME II（蓝色9）

其他材料
眼睛：插入式眼睛（黑色）
4mm×2个
喙：不织布（浅黄色）
2cm×2cm

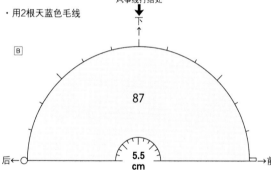

A

13

11

12
8
9
12
12
13
14

7

7

6

①

③
③
②

2
3
3
3

★

★

5.5
cm

上

后

前

风筝线打结处

下

- 用2根天蓝色毛线

B

87

后

前

5.5
cm

制作方法

1 如图绕线，制作直径5.5cm的毛绒球（蓝色线的缠绕方法参考 p74-重点①）。从毛绒球制作器上取下毛绒球，稍微整理形状。按照下方的照片所示，修剪形状。▶重点①

2 用胶水加工不织布的表面（参考p51），稍微捏出弧度后晾干。

3 确定眼睛的位置，用胶水粘牢（参考p44）。按照纸样将不织布剪成喙。将1根天蓝色的毛线拆散，用胶水粘在喙的上方。确定喙的位置，用胶水粘牢。

重点①

前　　　　后

修剪时，后侧略微凸出。
头部较小，下方饱满。

实物等大纸样

喙

修剪和尺寸的标准

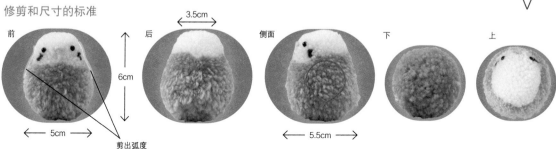

前　　　　3.5cm　　　后　　　侧面　　　下　　　上

6cm

5cm

5.5cm

剪出弧度

青蛙 *p23*

绕线图

・用2根黄绿色毛线

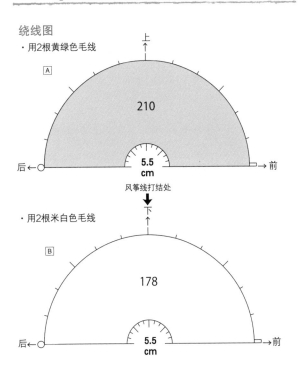

上

Ⓐ

210

后 ← ○ → 前

5.5 cm

风筝线打结处

下

・用2根米白色毛线

Ⓑ

178

后 ← ○ → 前

5.5 cm

材料

毛绒球制作器
直径5.5cm

使用线
可水洗中粗线（黄绿色13）、
可水洗中粗线（米白色1）

其他材料
眼睛：塑料眼睛（褐色）
12mm×2个
鼻子：插入式鼻子 2mm×2个

制作方法

1 如图绕线，制作直径5.5cm的毛绒球。
2 从毛绒球制作器上取下毛绒球，稍微整理形状，按照下方的照片所示，修剪形状。
3 取1根指定的毛线，在2.5cm宽的厚卡纸上绕线25圈，制作2个眼睛用的迷你毛绒球（参考p51）。
4 用珠针确定眼睛的位置。将眼睛用的毛绒球连接在头部两侧。
  ▶重点①
5 修剪眼睛周围的毛线，整理形状。
6 确定眼睛的位置，用胶水粘牢配件（参考p47~48）。确定鼻子的位置，用胶水粘牢配件。

重点①

1	2	3
参考照片，确定眼睛的位置，插入珠针。	将迷你毛绒球的手缝线穿过手缝针，从一侧插入针，穿过风筝线，从另一侧抽出针。	将穿好的手缝线与另一侧迷你毛绒球上的手缝线系在一起，拴牢固。

修剪和尺寸的标准

前   后

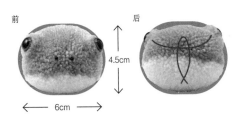

4.5cm

6cm

侧面

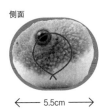

5.5cm

上

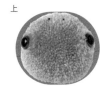

下

小猪 *p24*

纸样p95

绕线图

· 用2根毛线
· AB 通用

风筝线打结处（下）

A上／B下

168

5.5
cm

左 〇   右 ▭

材料

毛绒球制作器
直径5.5cm

使用线
毛绒球线（粉色48）

其他材料
眼睛：插入式眼睛（黑色）

5mm×2个

鼻子、耳朵：不织布（粉色）
3.5cm×5cm

腿、尾巴：羊毛（冰淇淋粉色71LP）

制作方法

1 如图绕线，制作直径5.5cm的毛绒球。从毛绒球制作器上取下毛绒球，整理形状。

2 按照下方的照片所示，用戳针戳固定脸部，修剪形状。再整体修剪出想要的形状。▶重点①

3 按照纸样将不织布剪成鼻子，然后挖去鼻孔，用胶水粘在相应的位置上。

4 确定眼睛的位置，用胶水粘牢配件（参考p47～48）。

5 按照纸样将不织布剪成耳朵，在耳朵根部涂抹胶水，用夹子夹住并晾干（参考p74-重点③）。用胶水粘牢耳朵（参考p49）。

6 按照纸样用戳针戳羊毛，制作腿和尾巴。用戳针戳出尾巴的弧度。确定腿和尾巴的位置，用胶水粘牢。

重点①

制作鼻子时要从侧面操作，鼻尖部分用戳针充分戳刺定型，粘贴不织布的位置要修剪平整。

修剪和尺寸的标准

前   后

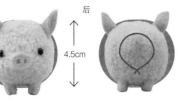

4.5cm

← 5cm →

侧面

下   上

← 6cm →

草莓兔 *p25*

纸样p95

材料

毛绒球制作器	其他材料
直径5.5cm	眼睛：插入式眼睛（黑色）
使用线	6mm×2个
NEW可水洗美利奴粗线	鼻子：插入式鼻子（黑色） 3mm
（红色9）、NEW可水洗	耳朵：不织布（白色） 4cm×5cm
美利奴粗线（白色1）	蒂：不织布（黄绿色） 7cm×7cm

绕线图

· 全部用1根毛线

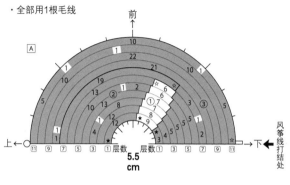

· 全部用1根毛线

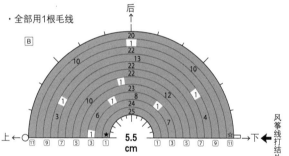

制作方法

1 如图绕线，制作直径5.5cm的毛绒球。▶重点① 从毛绒球制作器
   上取下毛绒球，稍微整形。
2 分层修剪（参考p50），制作脸部。将整体修剪成草莓的形状。
   ▶重点②
3 确定眼睛和鼻子的位置，用胶水粘牢（参考p47～48）。
4 按照纸样将白色不织布剪成耳朵，在耳朵根部涂抹胶水，用夹子
   夹住并晾干。▶重点③
5 确定耳朵的位置（参考p49），用胶水粘牢。按照纸样将黄绿色
   不织布剪成蒂，用胶水粘在底部。

重点①

将1根白色线绕线后稍
微交叉，然后剪断，再
在上面绕红色线。参考
绕线图，均匀地加入白
色线。

重点②

确定草莓的顶点，用珠
针标记。将标记作为最
高点，大致修剪出草莓
的形状，然后精细修剪
（p50）。

重点③

在耳朵根部涂抹胶水，
趁胶水未干用夹子固
定，直接晾干。

修剪和尺寸的标准

前　　　　后　　　　侧面　　　　上

仓鼠 *p26*

绕线图p92

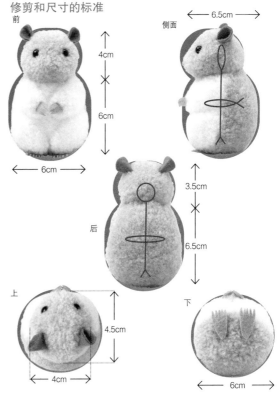

前

侧面

6.5cm

4cm

6cm

6cm

3.5cm

后

6.5cm

上

4.5cm

4cm

下

6cm

材料

- **毛绒球制作器** 直径3.5cm（头部）、直径5.5cm（身体）
- **使用线** 头部、身体：毛绒球线（浅米色44）
  - 身体：毛绒球线（白色41）
- **其他材料**
  - 眼睛：插入式眼睛（黑色）6mm×2个
  - 鼻子：珠子（粉色）4mm
  - 耳朵：不织布（驼色）3cm×6cm
  - 脚：不织布（肉粉色）6cm×4cm

制作方法

1. 如图绕线，制作直径3.5cm、直径5.5cm的毛绒球。从毛绒球制作器上取下毛绒球，稍微整理形状。
2. 按照右侧照片所示，修剪头部。大致修剪身体。
3. 连接头部和身体（参考p52-B）。
4. 按照右侧照片所示，修剪身体，整理形状。▶重点①
5. 确定眼睛和鼻子的位置，用胶水粘牢配件（参考p47～48）。
6. 按照纸样剪好耳朵，在耳朵根部涂抹胶水，用夹子夹住晾干（参考p74-重点③）。
7. 按照纸样剪好脚，用竹扦在两面涂薄薄一层胶水，晾干。▶重点②
8. 在晾干的脚上剪出脚趾。▶重点③
9. 确定脚和耳朵的位置（参考p49），用胶水粘牢配件。

重点①

参考照片，在腹部的上下修剪出四肢的模样。

重点②

趁前脚的胶水未干，用手指轻轻捏出弧度。定型后，放下晾干。

重点③

用胶水加固后，剪出细小的趾尖。在指尖上涂薄薄一层胶水，定型。

实物等大纸样

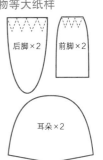

后脚×2　前脚×2

耳朵×2

雏鸡 *p27*　　　　　　　　　　纸样p94

材料

毛绒球制作器	其他材料
头：直径3.5cm	眼睛：插入式眼睛（黑色）
身体：直径5.5cm	4mm×2个
使用线	喙：不织布（黄色）3cm×3cm、
babybaby（中粗线）	铁丝（#24）18cm、
（黄色6）	25号刺绣线（米色）1束

绕线图

・用2根毛线
・AB 通用

风筝线打结处（后）

A前 / B后

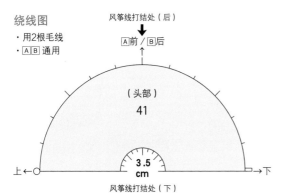

（头部）
41

3.5
cm

上　　　　　　　　　　　　下

风筝线打结处（下）

・用2根毛线
・AB 通用

A上 / B下

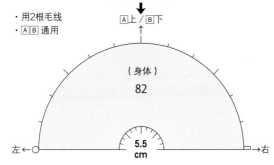

（身体）
82

5.5
cm

左　　　　　　　　　　　　右

修剪和尺寸的标准

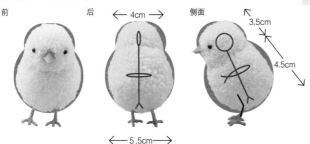

前　　　　后　　←4cm→　　侧面
3.5cm
4.5cm
←5.5cm→

制作方法

1 如图绕线，制作直径3.5cm、直径5.5cm的毛绒球。从毛绒球制作器上取下毛绒球，稍微整理形状。

2 连接头部和身体（参考p52-B）。根据纸样剪下喙，用竹扦在不织布的两面涂薄薄一层胶水，弯折中间的部分，做出喙的形状，晾干（参考p51）。

3 按照左右和p77下方的图片修剪。

4 确定眼睛和喙的位置，用胶水粘牢（参考p44）。

5 按照照片所示弯曲铁丝。将6根1束的刺绣线分成3根1束。一边将胶水一点一点涂抹在铁丝上，一边缠绕刺绣线。▶重点①

6 确定腿的连接位置，分开毛线，用胶水粘牢腿。▶重点② 调整铁丝的角度，使雏鸡站立。

重点①

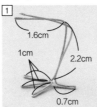

1
1.6cm
1cm　2.2cm
0.7cm

2

将铁丝弯成腿和爪子的形状（1）。按照箭头所示缠绕刺绣线（2）。

重点②

连接腿部，让身体稍微前倾，这样更容易站稳（参考左侧照片的侧面图）。确定腿的连接位置，用镊子分开毛线，粘合时腿和毛线都要涂抹胶水。

汉堡包 *p28*

纸样p93

※将浅黄色不织布剪成正方形，剪掉中间部分。

材料

毛绒球制作器	其他材料
直径9cm	不织布（红色）18cm×18cm
使用线	不织布（浅黄色）8.5cm×8.5cm
面包：JOLLY TIME II	不织布（黄绿色）10cm×20cm
（浅褐色37）	
肉饼：JOLLY TIME II	
（褐色20）	

绕线图

· 面包部分用2根毛线
· 肉饼部分用1根毛线
· A B 通用

※ 绕线方法参考 p43-[2]。

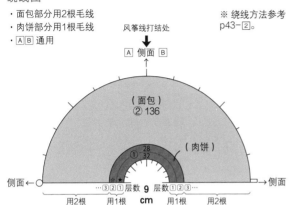

制作方法

1 如图绕线，制作直径9cm的毛绒球。
2 从毛绒球制作器上取下毛绒球，稍微整理形状，按照左侧照片修剪。为了剪得更圆润，需要看着上方，一边确认一边修剪。
3 剪圆汉堡包后再分层修剪（参考p50）。
4 按照纸样剪好不织布。▶重点① 先将3片红色不织布叠放，用胶水粘牢后剪出形状。▶重点②
5 在肉饼和汉堡之间，依次夹入4中剪好的黄色、红色、黄绿色不织布。开口处用胶水粘合。▶重点③

修剪和尺寸的标准

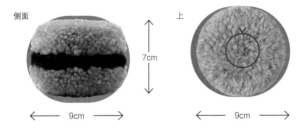

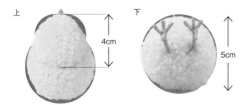

重点①

按照纸样剪好不织布。因为要夹住毛绒球，所以需要剪出一个开口。

重点②

整体涂抹胶水，3片叠放，晾干。晾干后按照纸样剪好形状。

重点③

用镊子拨开面包与肉饼间的毛线，夹入用不织布做的食材。将不织布上的开口藏在面包里，用胶水粘合开口处。

西蓝花 *p28,29*

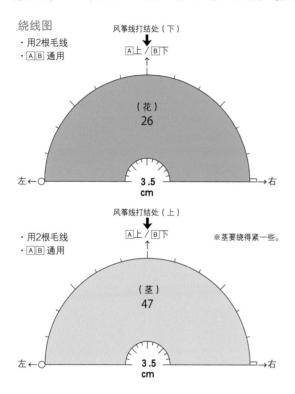

绕线图

・用2根毛线
・A B 通用

风筝线打结处（下）
A 上 / B 下

（花）
26

3.5 cm

左 ○ 右 →

风筝线打结处（上）
A 上 / B 下

・用2根毛线
・A B 通用

※茎要绕得紧一些。

（茎）
47

3.5 cm

左 ○ 右 →

材料

毛绒球制作器
直径3.5cm（花、茎）
使用线
叶：JOLLY TIME II（深绿色07）
茎：MamarmPOP（粗线）（浅绿色61）

制作方法

1 如图绕线，制作2个直径3.5cm的毛绒球。从毛绒球制作器上取下毛绒球，稍微整理形状。
2 将茎的毛绒球剪成圆柱形。▶重点①
3 用戳针戳2定型，不要露出风筝线。▶重点②
4 将3的下侧修剪平整。▶重点③
5 捏住花的毛绒球，风筝线打结处朝下，按照左下的照片粗略修剪。连接花的毛绒球与4（p52-A）。

重点① | 重点② | 重点③
 | |

一边避开风筝线，一边将两端修剪平整，做出茎的形状。 | 用戳针戳风筝线周围的毛线定型，隐藏风筝线。 | 连接花那侧的毛线不用处理，只需剪平另一侧的毛线。

修剪和尺寸的标准

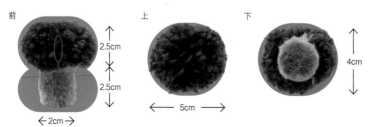

前　　　　　　　　上　　　　　　下

2.5cm

2.5cm

←2cm→

←5cm→

4cm

苹果 *p29*

纸样p86

绕线图

- 用2根毛线　・ⒶⒷ通用

风筝线打结处（下）

Ⓐ上 ／ Ⓑ下

52

左 ←　　　→ 右

3.5cm

修剪和尺寸的标准

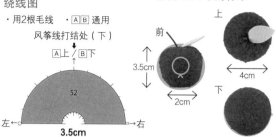

上

前

3.5cm

4cm

2cm

下

材料

毛绒球制作器
直径3.5cm

使用线
NEW可水洗美利奴粗线（红色9）

其他材料
蒂：手工用麻绳（褐色）7cm
叶：不织布（黄绿色）4cm×3cm

制作方法

1 如图绕线，制作直径3.5cm的毛绒球。从毛绒球制作器上取下毛绒球，稍微整理形状。

2 用手缝针将麻绳穿过1的风筝线，打结固定。麻绳打好结后会变成2根，从根部剪断其中1根，在打结处轻轻涂抹胶水。

3 按照上方的照片修剪毛绒球。▶重点① 剪短麻绳周围的毛线。▶重点② 从根部剪断风筝线。

4 按照纸样将不织布剪成叶子的形状，用胶水粘在麻绳的旁边。

重点①

斜向修剪能剪出上大下小的侧面。

重点②

麻绳周围的毛线要剪短一些。

樱桃 *p28*

绕线图

- 用2根毛线　・ⒶⒷ通用

风筝线打结处（下）

Ⓐ上 ／ Ⓑ下

40

左 ←　　　→ 右

3.5cm

修剪和尺寸的标准

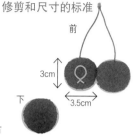
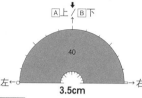

前

3cm

下

3.5cm

材料

毛绒球制作器
直径3.5cm

使用线
NEW可水洗美利奴粗线（红色9）

其他材料
手工用麻绳（深绿色）20cm
25号刺绣线（米色）10cm

制作方法

1 如图绕线，制作直径3.5cm的毛绒球。从毛绒球制作器上取下毛绒球，稍微整理形状。

2 与苹果的制作方法2相同，将麻绳穿过风筝线，剪断1根麻绳。

3 按照上方的照片修剪圆润。▶重点①

4 重复1～3，制作2个毛绒球。将麻绳的顶端合并，涂抹胶水，缠上刺绣线。▶重点②

重点①

捏住毛绒球的中间，一边慢慢转动毛绒球，一边修剪，这样就能剪出漂亮的球形。

重点②

组合2个毛绒球时，在麻绳顶端涂抹少量胶水，用刺绣线将顶端缠绕在一起。线缠好后用胶水粘牢。

2种饭团（梅子饭团、海苔饭团） *p29*

毛绒球制作器 直径5.5cm
使用线
海苔饭团：可水洗中粗线（米白色1）
梅子饭团（米饭）：可水洗中粗线（米白色1）
梅子饭团（梅子）：NEW可水洗美利奴粗线（红色9）
其他材料 不织布（黑色）：21.5cm×3.5cm（海苔饭团）、
8.9cm×2.5cm（梅子饭团）

制作方法（通用）

1 如图绕线，制作直径5.5cm的毛绒球。
2 从毛绒球制作器上取下毛绒球，稍微整理形状，从根部剪断风筝
  线。将毛绒球修剪成圆角的三角形。
3 按照下面的照片，将正面和背面修剪平整。
4 准备好特定尺寸的不织布，涂抹胶水，粘在毛绒球上。

修剪和尺寸的标准

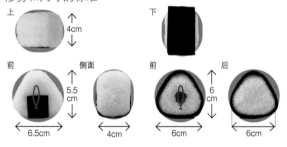

上 ↕4cm

下

前　侧面 ↕5.5cm

↔6.5cm　↔4cm

前　后 ↕6cm

↔6cm　↔6cm

绕线图

海苔饭团
·用2根毛线
·Ａ Ｂ 通用

Ａ前／Ｂ后 ↑

218

上　　下
5.5cm　风筝线打结处 ↑

梅子饭团
·①红色，用1根毛线
·②③④白色，用2根毛线

前 ↑

Ａ

④136

★27　⑦27
③79
②41
①5

层数　① ③ ⑤ ⑦ ⑨ ⑪

上　　下
5.5cm

维也纳香肠 *p29*

毛绒球制作器 直径3.5cm
使用线 可水洗中粗线（红褐色07）
切口：毛绒球线（奶咖色45）

制作方法

1 如图绕线，制作2个直径3.5cm的毛绒球。
2 从毛绒球制作器上取下毛绒球，稍微整理形状。
3 连接毛绒球（参考p52-A）。从根部剪断风筝线。
4 用戳针轻轻戳连接处使之自然融合。▶**重点①** 按照p81下方的照片
  修剪。
5 将奶咖色毛线斜放在4的正中间，用戳针轻轻戳固定后剪断。按照
  同样的方法再戳2根毛线。▶**重点②**

重点①

用戳针轻轻戳刺连接
处，使其融合在一起。
戳刺固定风筝线周围的
线，隐藏风筝线。

重点②

1

用戳针轻轻戳刺毛线。

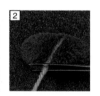

2

剪断露出表面的毛线，
用戳针戳刺融合。

·用2根毛线

后 ↑

Ｂ

⑤185

上　　下
5.5cm　风筝线打结处

炸虾 *p29*

纸样p93

绕线图

· 用2根毛线
· A B 通用

风筝线打结处（下）

A上 / B下

A左←　　　　　　　　　→右

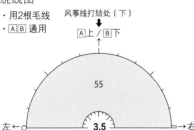

材料

毛绒球制作器
直径3.5cm

使用线
NEW可水洗美利奴粗线
（黄色9）

其他材料
铁丝（#20）约20cm

尾巴：
不织布（红色）6cm×4cm

制作方法

1 如图绕线，制作4个直径3.5cm的毛绒球。从毛绒球制作器上取下毛绒球，稍微整理形状，用铁丝连接。▶重点①
2 按照下方的图片，修剪圆润。
3 拨开较细一端的毛线。用胶水加工不织布的两面（参考p51），晾干后按照纸样剪成尾巴的形状。按折线弯折，用夹子夹住并晾干。在尾巴上涂抹胶水，插入拨开的毛线中，粘牢。

修剪的标准

前　　　　　后

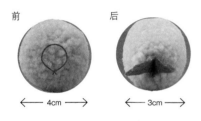

←—— 4cm ——→　　←—— 3cm ——→

重点①

将铁丝的一端弯成钩状。

将1个毛绒球穿在铁丝上，用铁丝一端的弯钩勾住毛绒球中间的风筝线，涂抹少量胶水，粘牢毛绒球。在铁丝上涂抹胶水，穿上剩余3个毛绒球。

穿好最后1个毛绒球后，靠拢所有毛绒球，在毛线的根部弯折铁丝，用钳子剪断铁丝。将剪断的一端弯折入毛绒球中。轻轻涂抹胶水，固定。

维也纳香肠

修剪和尺寸的标准

前

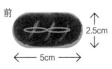

↕ 2.5cm

←—— 5cm ——→

侧面

绕线图

· 用2根毛线
· A B 通用

风筝线打结处
（左）

A右 / B左

上←○　　　　　　　　→下

3.5cm

上 ↕ 4cm

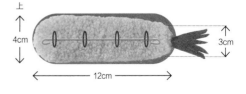

↕ 3cm

←—— 12cm ——→

煮鸡蛋 *p28*

材料
毛绒球制作器
直径3.5cm
使用线
蛋清：可水洗粗线（米白色1）
蛋黄：JOLLY TIME II（柠檬黄4）

绕线图

- ①柠檬色，用1根毛线
- ②③米白色，用2根毛线

- 用2根毛线

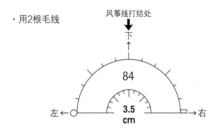

制作方法

1　如图绕线，制作直径3.5cm的毛绒球。▶重点①
2　从毛绒球制作器上取下毛绒球，稍微整理形状后，按照下方的图片修剪成鸡蛋的样子。
3　用镊子将蛋黄处的线整理成圆形。
4　用戳针轻轻戳刺蛋清的边缘，使表面平整。

重点①

将黄色毛线缠在绕线板的中间。绕线的部分越趋于圆形，蛋黄就会变得越圆。

重点②

将白色毛线绕在外侧。要注意，毛线不能超出毛绒球制作器的卡扣部分。

修剪和尺寸的标准

前

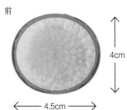

4cm

4.5cm

后

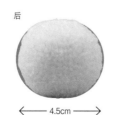

4.5cm

侧面

3.5cm

绕线结束

圆形蛋糕 *p30*

绕线图

- 全部用1根毛线
- Ⓐ Ⓑ 通用

※绕线方法参考 p43-②。

风筝线打结处
↓
Ⓐ 侧面 Ⓑ

③370
②76
①80

侧面 ← 　　　　㉑ … ⑦ ⑤ ③ ① 38 38 40 40 层数 层数 ① ③ ⑤ ⑦ … ㉑　　　　 → 侧面

7cm

※樱桃的绕线图见p79。

材料	
毛绒球制作器	**其他材料**
直径3.5cm（樱桃）、直径7cm（蛋糕）	樱桃的蒂：
使用线	手工用麻绳（深绿色）
蛋糕坯：可水洗中粗线（深褐色05）	10cm
奶油：可水洗中粗线（粉色06）	
樱桃：NEW可水洗美利奴粗线（红色9）	

制作方法

1. 如图绕线，制作直径7cm的毛绒球。
2. 从毛绒球制作器上取下毛绒球，用镊子整理花纹，从根部剪断风筝线。
3. 以粉色条纹为参考，纵向捏住毛绒球，平直地修剪蛋糕的侧面。
▶重点①
4. 以粉色条纹为参考，横向捏住毛绒球，将蛋糕的上下面修剪平整。▶重点② 修剪时，随时从上方观察蛋糕的形状是否圆润。用戳针轻戳边缘，将露出表面的线戳进去。
5. 制作毛绒球樱桃（制作方法参考p79）。
6. 用胶水将5中做好的樱桃粘在蛋糕上。

修剪和尺寸的标准

前　　　　　　　　上

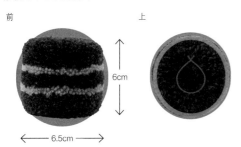

6cm

6.5cm

重点①

图中所示为蛋糕的侧面，平直地修剪一圈即可。

重点②

蛋糕的上下面要修剪平整，这样才能放上樱桃。

杯子蛋糕 *p31*

绕线图

・用2根毛线（奶油1、奶油2通用）

※毛线的绕线方法
参考p43-②。

A

（奶油）
285

**7
cm**

左 ○——————————————○ 右
上

风筝线打结处
↓
下

・用2根黄色毛线

B

（蛋糕坯）
180

**7
cm**

左 ○——————————————○ 右

※草莓的绕线图与p79的樱桃相同。风筝线的打结处在下方。

修剪和尺寸的标准

前
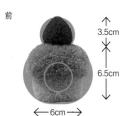
3.5cm
6.5cm
←6cm→

上
3.5cm
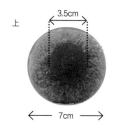
←7cm→

下
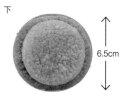
6.5cm

材料

毛绒球制作器 直径3.5cm（草莓）、直径7cm（杯子蛋糕）
使用线
蛋糕坯：NEW可水洗美利奴粗线（黄色9）
奶油1：可水洗中粗线（米白色1）
奶油2：可水洗中粗线（粉色6）
草莓：NEW可水洗美利奴粗线（红色9）

制作方法

1 如图绕线，制作直径7cm的毛绒球蛋糕坯。从毛绒球制作器上取下毛绒球，稍微整理形状，从根部剪断风筝线。

2 分层修剪蛋糕坯部分和奶油部分（参考p50）。

3 按照下方的照片修剪蛋糕坯。▶重点①

4 为了将奶油部分剪得更圆润，要一边俯视观察形状，一边修剪。

5 用指定的线制作直径3.5cm的毛绒球草莓。按照下方的照片，修剪出草莓的形状。

6 用胶水将5粘在蛋糕顶部。

重点①

分层修剪时，蛋糕坯部分要多剪一些，整体比奶油部分小一圈。随时俯视奶油部分，确认是否修剪圆了。蛋糕坯的底部要修剪平整。

冰淇淋 *p32*

纸样p93

绕线图

- 用1根毛线
- Ａ Ｂ 通用

风筝线打结处（下）
↓
Ａ 上 / Ｂ 下

75

侧面 ○

3.5 cm

侧面 ▭

修剪和尺寸的标准

前

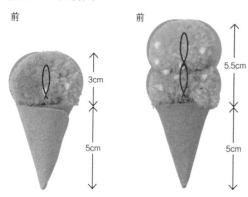

3cm

5cm

前

5.5cm

5cm

上

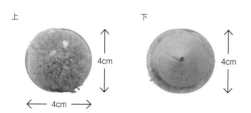

4cm

← 4cm →

下

4cm

材料

毛绒球制作器 直径3.5cm
使用线
单球冰淇淋 / mamarmPOP（白色35）、
　　　　　　　mamarmPOP（粉色34）
双球冰淇淋 / mamarmPOP（橙色31）、
　　　　　　　mamarmPOP（蓝色33）
其他材料 不织布（土黄色）7cm×11cm、棉花 适量

制作方法（通用）

1 如图绕线，制作直径3.5cm的毛绒球。单球冰淇淋用1个毛绒球，双球冰淇淋用2个毛绒球。

2 从毛绒球制作器上取下毛绒球，稍微整理形状，修剪成球形。从根部剪断风筝线（双球冰淇淋保留上球的风筝线）。

3 制作双球冰淇淋时，需要连接毛绒球（参考p52-A）。

4 制作圆筒。按照纸样剪好不织布，在一侧涂抹胶水，用镊子辅助将不织布卷成圆锥形，粘牢。▶重点①

5 在4的内侧涂抹胶水，将棉花塞在距离边缘5mm的圆筒里，粘牢。在内边缘、上边缘、棉花上涂抹胶水，放上毛绒球，粘牢。▶重点②

重点①

1

2
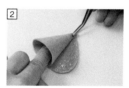

参照纸样，用笔标记折回的位置（纸样的★处）。在指定位置涂抹胶水，一边用镊子压住顶端，一边将不织布卷至标记处。

继续将不织布卷成类似圆筒的圆锥形，粘牢。

重点②

为了将冰淇淋与圆筒粘牢，要在内边缘、上边缘、棉花这3处涂抹胶水。

苹果铅笔 *p33*

绕线图

· 用2根毛线
· A B 通用

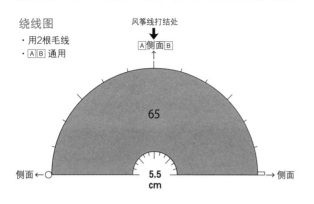

风筝线打结处

A 侧面 B

65

5.5 cm

侧面 ←　→ 侧面

实物等大纸样

（与p79苹果通用）

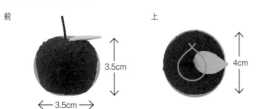

叶子

修剪和尺寸的标准

前

上

3.5cm

← 3.5cm →

4cm

材料

毛绒球制作器	其他材料
直径5.5cm	叶子：不织布（黄绿色）
使用线	4cm×2.5cm
NEW可水洗美利奴粗线	蒂：手工用麻绳（褐色）5cm
（红色9）	铅笔

制作方法

1 如图绕线，制作直径5.5cm的毛绒球。将铅笔插入毛绒球制作器的中心处，用风筝线系紧铅笔与毛线。▶重点①
2 从毛绒球制作器上取下毛绒球，稍微整理形状。顺着铅笔方向，将麻绳插入苹果上部，用胶水粘牢。▶重点② 分开苹果下部的毛线，在内侧涂抹胶水，将铅笔与周围的毛线粘在一起。按照下方的照片修剪形状，麻绳剪至适当长度。
3 按照纸样剪好不织布，用胶水粘在麻绳的根部。

重点①

用风筝线系住铅笔和毛绒球。从绕线板上取下毛绒球时，注意不要拔出铅笔。

重点②

顺着铅笔的方向插入麻绳，用胶水粘牢。

年糕 *p34*

绕线图

风筝线打结处（下）
⬇
Ⓐ上 / Ⓑ下

· 用1根毛线
· ⒶⒷ 通用

（橙子）
62

3.5
cm

侧面 ○—————————————○— 侧面

风筝线打结处（下）
Ⓐ上 / Ⓑ下

· 用2根毛线
· ⒶⒷ 通用

（上层年糕）
126

5.5
cm

侧面 ○—————————————○— 侧面

风筝线打结处（下）
⬇
Ⓐ上 / Ⓑ下

· 用2根毛线
· ⒶⒷ 通用

※绕线方法参考
p43-②。

（下层年糕）
240

9
cm

侧面 ○—————————————○— 侧面

材料

毛绒球制作器 直径3.5cm（橙子），直径5.5cm、直径9cm（年糕）

使用线
橙子：JOLLY TIME II（橙色30）
年糕：NEW可水洗美利奴粗线（白色1）
其他材料 叶子：不织布（黄绿色） 2cm×4cm

制作方法（通用）

1. 如图绕线，分别制作直径3.5cm、直径5.5cm、直径9cm的毛绒球。从毛绒球制作器上取下毛绒球，稍微整理形状，按照下方的照片修剪形状。
2. 按照橙子、上层年糕（直径5.5cm）、下层年糕（直径9cm）的顺序连接毛绒球（参考p52-A）。▶重点①
3. 按照纸样剪好不织布，用胶水粘在橙子的顶部。

重点①

连接橙子和上层年糕时，使用手缝针即可。因为下层年糕的尺寸较大，连接时需要使用钩针拉出风筝线。

修剪和尺寸的标准

前

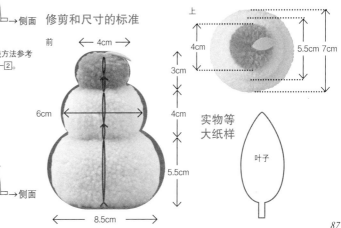

← 4cm →

6cm

3cm

4cm

5.5cm

8.5cm

上

4cm

3cm

5.5cm 7cm

实物等大纸样

叶子

2种花 *p35*

五角形的标记p95

材料

毛绒球制作器 直径3.5cm
使用线
花A／可水洗中粗线（黄绿色13、淡蓝色10、深蓝色11）
花B／毛绒球线（白色41、粉色48）
其他材料
花A／小珍珠 3mm×5个、鱼线 12cm
花B／小珍珠 6mm

绕线图

· 用1根毛线
· A B 通用

风筝线打结处

↓

A 侧面 B

↑

（花A）
44

3.5 cm

侧面 ←○   ○→ 侧面

· 用1根毛线
· A B 通用

风筝线打结处

↓

A 侧面 B

↑

（花B）
40

3.5 cm

侧面 ←○   ○→ 侧面

修剪和尺寸的标准

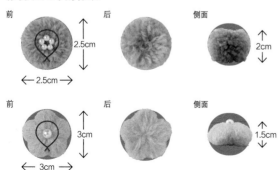

前　　后　　侧面

2.5cm ↕

← 2.5cm →

2cm ↕

前　　后　　侧面

3cm ↕

← 3cm →

1.5cm ↕

制作方法（花A）

1 如图绕线，制作直径3.5cm的毛绒球。从毛绒球制作器上取下毛球，稍微整理形状。将风筝线剪短。

2 在风筝线的线圈上涂抹少量胶水，与毛线粘在一起，隐藏风筝线。按照下方的照片修剪形状。

3 用鱼线穿好小珍珠，制作花蕊。▶重点①

4 用胶水将3粘在花的中心处（如果喜欢，还可以再在花蕊上粘其他小珍珠）。

制作方法（花B）

1 如图绕线，制作直径3.5cm的毛绒球。从毛绒球制作器上取下毛绒球，稍稍整理形状。将风筝线剪短。

2 用戳针戳刺风筝线线圈中心和外侧的毛线，定型。

3 用戳针戳出花瓣的轮廓。▶重点② 用剪刀修剪出5片花瓣。

4 用胶水将小珍珠粘在花瓣的中心处。

重点①

小珍珠穿在鱼线上，首尾相连系成圆环，用胶水粘牢打结处。将一边的线头穿过旁边的小珍珠，将打结处隐藏在珍珠里。待胶水干透，剪断多余的鱼线。

重点②

按照五角形的标记，用戳针戳出花瓣的形状。

爱心 *p34*

绕线图

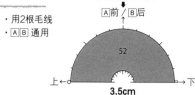
风筝线打结处（后）
A前 / B后
52
上 ← → 下
3.5cm

・用2根毛线
・AB 通用

※粉色爱心 AB 通用，用2根毛线绕线102次。

材料

毛绒球制作器 直径3.5cm
使用线
NEW可水洗美利奴粗线（红色9）
纯毛中细线（粉色57）

制作方法（通用）

1　如图绕线，制作直径3.5cm的毛绒球。从毛绒球制作器上取下毛绒球，稍微整理形状。
2　按照下方的照片修剪形状。▶重点①

重点①

修剪出爱心的形状。剪出凹陷，然后用戳针轻戳凹陷处。用戳针戳刺有助于定型。

修剪和尺寸的标准

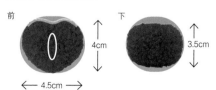
前　　　　下
↕ 4cm　　↕ 3.5cm
← 4.5cm →

雪兔 *p34*

绕线图

纸样p95

风筝线打结处（下）
A上 / B下
68
左 ← → 右
3.5cm

・用2根毛线
・AB 通用

材料

毛绒球制作器 直径3.5cm
使用线 毛绒球线（白41）
其他材料 眼睛：插入式眼睛（红色） 4mm×2个
耳朵：不织布（黄绿色） 4cm×4cm

制作方法

1　如图绕线，制作直径3.5cm的毛绒球。从毛绒球制作器上取下毛绒球，稍微整理形状。
2　按照下方的照片修剪，将毛绒球修剪成椭圆形。底部修剪平整。
3　确定眼睛的位置，用胶水粘牢（参考p44）。
4　按照纸样剪好不织布，确定耳朵的位置，用胶水粘牢。▶重点①

重点①
耳朵粘成倒八字的形状。

修剪和尺寸的标准

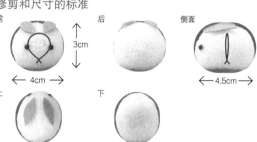
前　　　　后　　　　侧面
↕ 3cm
← 4cm →　　　　　← 4.5cm →
上　　　　下

万圣节南瓜 *p35*

绕线图
· 用2根毛线
· A B 通用

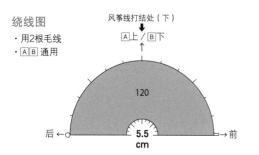

风筝线打结处（下）
↓
A 上 / B 下

后 ← 120 → 前

5.5 cm

材料

毛绒球制作器 直径5.5cm	其他材料
使用线	茎：不织布（深绿色）
NEW可水洗美利奴粗线	4.5cm×4.5cm
（橙色11）	眼睛、鼻子、嘴：不织布（黑色）
	6cm×4cm

制作方法

1 如图绕线，制作直径5.5cm的毛绒球。从毛绒球制作器上取下毛绒球，稍微整理形状。

2 按照左边的照片修剪形状。▶重点①

3 按照纸样剪好不织布，用胶水粘牢眼睛、鼻子、嘴。

4 将茎的不织布剪成3片1cm×3cm的长方形。3片叠放用胶水粘牢，晾干后剪去尖角，使之变成圆柱形。用胶水粘在毛绒球南瓜的头顶处。

重点①

珠针插入中心处（茎的位置），缠1根手缝线作为修剪时的辅助线。收紧手缝线，修剪手缝线两侧的毛线，做出凹槽。剪1圈完整的凹槽后，将手缝线转动36°（1/10），接着剪下一圈凹槽。以上动作重复5次，就能剪出10道凹槽。

修剪和尺寸的标准

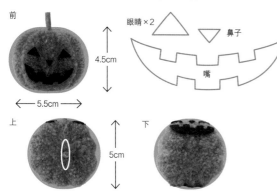

前

← 5.5cm →

4.5cm

上

5cm

下

实物等大纸样

眼睛×2

鼻子

嘴

绕线图

三花猫
· 全部用1根毛线
· 全部用1根毛线

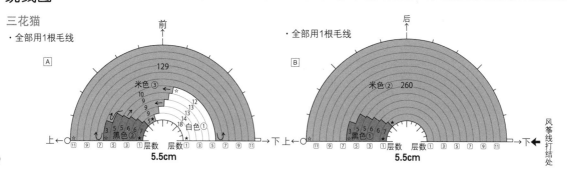

前

A

129

米色③

米色②

白色①

黑色②

上

层数

5.5cm

后

B

米色② 260

黑色①

下 上

层数

5.5cm

下

风筝线打结处

褐色虎斑猫

- 全部用1根毛线

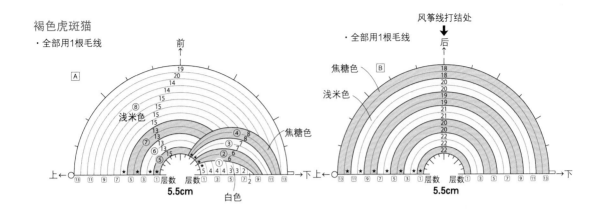

- 全部用1根毛线

褐色虎斑猫 A图：
前
19
20
14
15
15
15
⑧ 浅米色
15
13
13
13
⑦ 13
⑥ 15
④ 8
③ 8
② 7
⑤ 6
① 6
3
焦糖色
上 ← ⑬ ⑪ ⑨ ⑦ ⑤ ③ ① 层数 | 层数 ① ③ ⑤ ⑦ ⑨ ⑪ ⑬ → 下
★ ★ ★ ★ 5 5 5 5 5 4 4 4 3 3 2 1 3 5 5 3 2
5.5cm
白色

褐色虎斑猫 B图：
风筝线打结处
后
焦糖色 B
浅米色
18
18
20
20
19
19
21
21
20
22
22
22
上 ← ⑬ ⑪ ⑨ ⑦ ⑤ ③ ① 层数 | 层数 ① ③ ⑤ ⑦ ⑨ ⑪ ⑬ → 下
★ ★ ★ ★ ★
5.5cm

企鹅

（头部）
- 用1根毛线

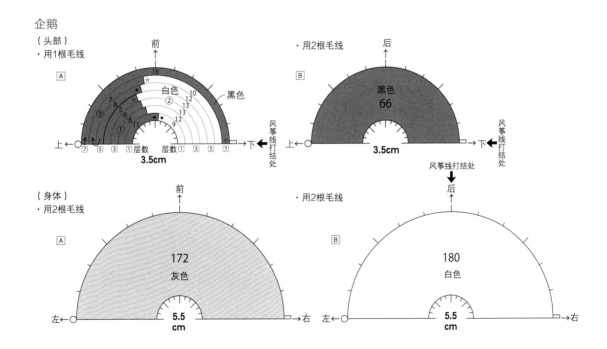

- 用2根毛线

企鹅头部 A图：
前
16
☆
7 白色 10
6 ② 12
6 13
③ 6 13
6 ★ 12
① 11 9
★
上 ← ⑦ ⑤ ③ ① 层数 | 层数 ① ③ ⑤ ⑦ → 下
黑色
3.5cm
风筝线打结处

企鹅头部 B图：
后
B
黑色
66
上 ← 下 →
3.5cm
风筝线打结处

（身体）
- 用2根毛线

企鹅身体 A图：
前
A
172
灰色
左 ← 右 →
5.5 cm

- 用2根毛线

企鹅身体 B图：
风筝线打结处
后
B
180
白色
左 ← 右 →
5.5 cm

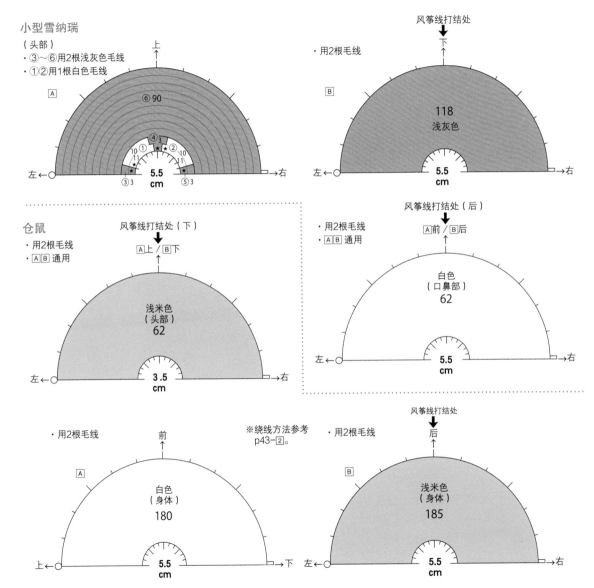

小型雪纳瑞

（头部）
· ③～⑥用2根浅灰色毛线
· ①②用1根白色毛线

A

上

⑥ 90

④ 3
① ★ ② 10
10 ★
11 11
★ ★
③ 3 ⑤ 3

5.5 cm

左← →右

· 用2根毛线

风筝线打结处
下

B

118
浅灰色

5.5 cm

左← →右

仓鼠
· 用2根毛线
· A B 通用

风筝线打结处（下）
A 上 / B 下

浅米色
（头部）
62

3.5 cm

左← →右

· 用2根毛线
· A B 通用

风筝线打结处（后）
A 前 / B 后

白色
（口鼻部）
62

5.5 cm

左← →右

· 用2根毛线

前

A

白色
（身体）
180

5.5 cm

上← →下

※绕线方法参考 p43-②。

· 用2根毛线

风筝线打结处
后

B

浅米色
（身体）
185

5.5 cm

左← →右

实物等大纸样

用羊毛或不织布制作耳朵、喙等部件时用到的纸样。

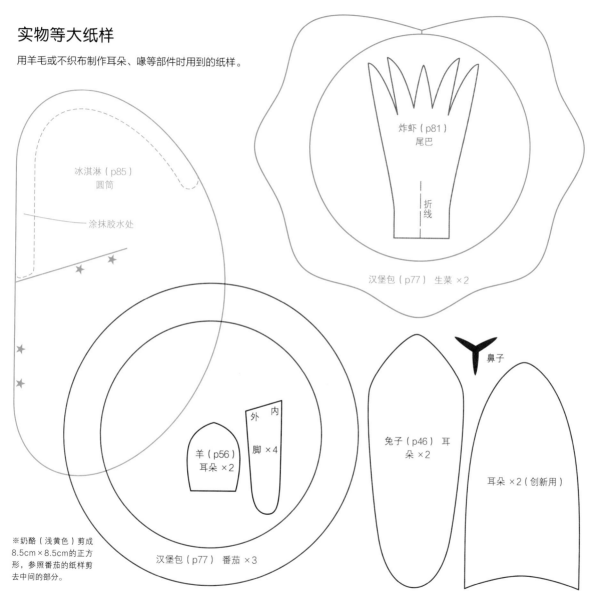

冰淇淋（p85）
圆筒

涂抹胶水处

炸虾（p81）
尾巴

折
线

汉堡包（p77） 生菜 ×2

鼻子

羊（p56）
耳朵 ×2

外 内

脚 ×4

兔子（p46） 耳
朵 ×2

耳朵 ×2（创新用）

※奶酪（浅黄色）剪成
8.5cm×8.5cm的正方
形，参照番茄的纸样剪
去中间的部分。

汉堡包（p77） 番茄 ×3

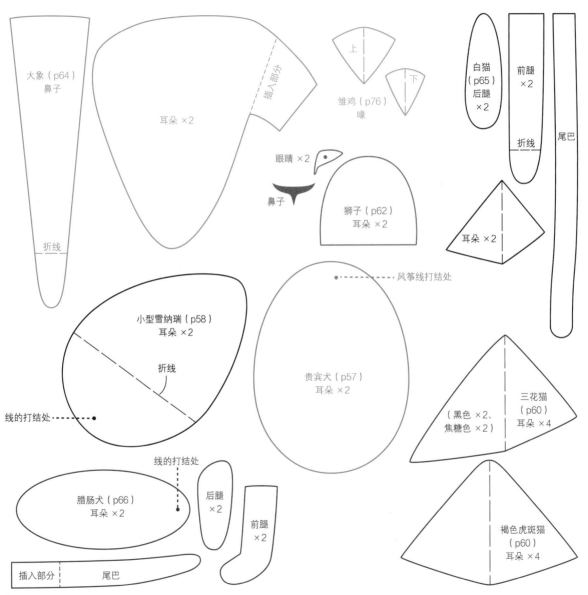

大象（p64）
鼻子

耳朵 ×2

插入部分

折线

雏鸡（p76）
喙

上

下

眼睛 ×2

鼻子

狮子（p62）
耳朵 ×2

白猫
（p65）
后腿
×2

前腿
×2

折线

尾巴

耳朵 ×2

小型雪纳瑞（p58）
耳朵 ×2

折线

线的打结处

风筝线打结处

贵宾犬（p57）
耳朵 ×2

（黑色 ×2、
焦糖色 ×2）

三花猫
（p60）
耳朵 ×4

线的打结处

腊肠犬（p66）
耳朵 ×2

后腿
×2

前腿
×2

褐色虎斑猫
（p60）
耳朵 ×4

插入部分   尾巴

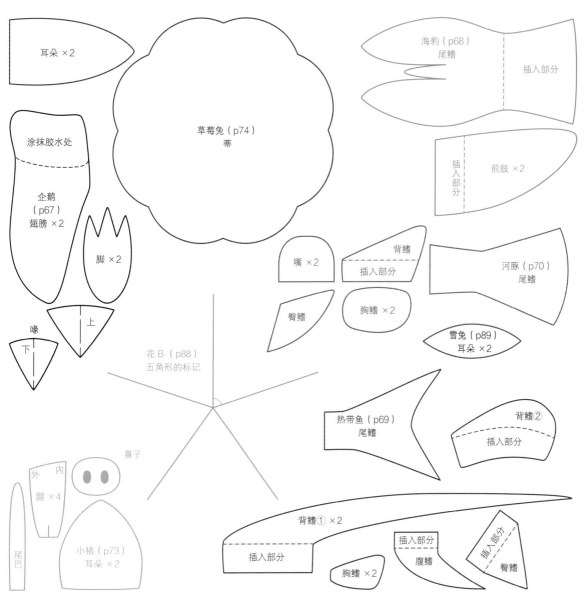

耳朵 ×2

海豹（p68）
尾鳍

插入部分

草莓兔（p74）
蒂

涂抹胶水处

插入部分

前肢 ×2

企鹅
（p67）
翅膀 ×2

脚 ×2

嘴 ×2

背鳍

插入部分

河豚（p70）
尾鳍

喙

上

下

臀鳍

胸鳍 ×2

雪兔（p89）
耳朵 ×2

花 B（p88）
五角形的标记

热带鱼（p69）
尾鳍

背鳍②

插入部分

鼻子

外 内
腿 ×4

背鳍① ×2

插入部分

插入部分

插入部分

臀鳍

尾巴

小猪（p73）
耳朵 ×2

胸鳍 ×2

腹鳍

图书在版编目（CIP）数据

手作毛绒球小动物 / (日) 伊藤和子著；刘晓冉译
. -- 海口：南海出版公司，2019.7（2020.4重印）
ISBN 978-7-5442-7363-3

Ⅰ.①手… Ⅱ.①伊… ②刘… Ⅲ.①织物—玩具—
制作 Ⅳ.①TS958.4

中国版本图书馆CIP数据核字(2019)第085330号

著作权合同登记号　图字：30-2019-066
Pom Pom de Tsukuru Dobutsu to Motif
Copyright © Kazuko Ito 2017
Chinese translation rights in simplified characters arranged with
NIHONBUNGEISHA Co., Ltd. through Japan UNI Agency Inc., Tokyo

SHOU ZUO MAORONGQIU XIAO DONGWU
手作毛绒球小动物

策划制作：北京书锦缘咨询有限公司（www.booklink.com.cn）
总　策　划：陈　庆
策　　　划：滕　明

作　　者：〔日〕伊藤和子
译　　者：刘晓冉
责任编辑：张　媛
排版设计：柯秀翠
出版发行：南海出版公司 电话：（0898）66568511（出版）　（0898）65350227（发行）
社　　址：海南省海口市海秀中路51号星华大厦五楼 邮编：570206
电子信箱：nhpublishing@163.com
经　　销：新华书店
印　　刷：河北景丰印刷有限公司
开　　本：889毫米×1194毫米　1/24
印　　张：4
字　　数：80千
版　　次：2019年7月第1版　2020年4月第2次印刷
书　　号：ISBN 978-7-5442-7363-3
定　　价：39.80元